高压电脉冲破岩机理及力学性状研究

饶平平　欧阳昢晧　冯伟康　著

华中科技大学出版社
中国·武汉

内 容 简 介

本书汇集了笔者课题组成员近年来在高压电脉冲破岩机理及应用的主要研究成果,共分为7个章节。第1章为绪论,介绍本书所采用的研究方法及思路;第2章为高压电脉冲破岩机理研究,通过理论和数值模拟方法,研究高压电脉冲破岩全过程及其机理;第3章为高压电脉冲等离子体通道形成过程研究,构建岩石电击穿过程中等离子体通道演化模型;第4章为水下高压电脉冲放电机理与能量转换效率研究,基于气泡击穿理论,对水下高压电脉冲放电过程进行研究,分析电击穿和等离子体通道形成的微观机理,揭示水下高压电脉冲放电产生冲击波的过程;第5章为高压电脉冲-水力压裂联合破岩模型研究,在高压电脉冲破岩机理和等离子体通道形成过程的研究基础上,进一步研究高压电脉冲-水力压裂联合破岩技术,考虑储层宏观异构性和细观异质性,将天然裂缝引入理论和几何建模中,进一步模拟复杂地质条件下的高压电脉冲-水力压裂联合破岩力学性状演化规律;第6章为高压电脉冲-机械联合破岩力学性状研究,开发一种高压电脉冲-机械联合破岩模型;第7章为结论,对全书研究内容进行总结。

图书在版编目(CIP)数据

高压电脉冲破岩机理及力学性状研究 / 饶平平,欧阳晔晧,冯伟康著. -- 武汉 : 华中科技大学出版社,2024. 11. -- ISBN 978-7-5772-1411-5

Ⅰ. TU45

中国国家版本馆 CIP 数据核字第 2024CS1532 号

高压电脉冲破岩机理及力学性状研究
Gaoyadian Maichong Poyan Jili ji Lixue Xingzhuang Yanjiu

饶平平　欧阳晔晧　冯伟康　著

策划编辑:简晓思
责任编辑:陈　骏
封面设计:原色设计
责任校对:刘小雨
责任监印:朱　玢

出版发行:华中科技大学出版社(中国·武汉)　　电话:(027)81321913
　　　　　武汉市东湖新技术开发区华工科技园　　邮编:430223

录　　排:武汉正风天下文化发展有限公司
印　　刷:武汉市洪林印务有限公司
开　　本:710mm×1000mm　1/16
印　　张:10.25
字　　数:201 千字
版　　次:2024 年 11 月第 1 版第 1 次印刷
定　　价:88.00 元

序　言

　　高压电脉冲破岩是通过电极之间的高压电弧放电对岩石进行破碎的方法,且可通过调整电极间距和输入电量等参数控制岩石破碎体积和掘进速度,相比于传统破岩方法具有破岩能耗小、无环境污染等优点,在岩石破碎领域中有着广阔的应用前景。由于学科间差异性和局限性,有关高压电脉冲破岩的岩土工程与机电工程交叉融合研究还十分欠缺,有关岩石脉冲放电击穿行为与能量耗散机制、电冲击特性、力学响应等关键问题还有待解决,也鲜见针对高压电脉冲与水力压裂、机械等传统岩石破碎技术手段联合的相关研究。

　　本书从岩土力学角度出发,探究高压电脉冲破岩力学响应及应用问题,有助于剖析岩石高压电脉冲破碎机理,服务于工程开采和掘进。全书聚焦于高压电脉冲破岩研究的四个问题。

　　(1)岩石电性表征:岩石在高压电脉冲放电作用下的电学特性难以精确表征,原因如下。①岩石属于多相态多孔介质,包含骨架和孔隙部分(孔隙水和孔隙气)。②岩石是非均质性材料,天然裂隙和断层构成了优势导电通道。③岩石存在各向异性,在垂直和平行于地质沉积方向上的导电性能存在差异。④岩石的介电性和导电性受到温度、应力、电场强度影响存在时变性。因此,精确表征岩石在高压电脉冲作用下的电学特性是亟须解决的关键问题。

　　(2)放电通道刻画:高压电脉冲冲击岩石时,一旦岩石内部电场场强超过临界击穿场强,岩石内部会产生火花放电而被击穿,形成放电通道。由于脉冲放电的瞬时性和随机性,采用单一的击穿理论难以准确刻画岩石高压电脉冲放电通道的空间展布特征。精细刻画放电通道是高压电脉冲破碎岩石的基础理论研究,是亟须攻克的瓶颈。

　　(3)力学响应评估:岩石高压电脉冲冲击通常涉及电场、温度场和应力场的耦合作用。在岩石击穿放电过程中会产生强烈的电效应和热效应,诱使岩石发生温度变形和产生局部应力,同时伴随的冲击效应会使岩石发生冲击损伤。可见,高压电脉冲破岩涉及多物理场耦合作用,精准评估岩石高压电脉冲产生的多场耦合效应是实现精准破碎的关键。

（4）破岩技术应用：随着自然资源开采深度及广度的加大，以往钻爆、机械冲击以及水力压裂等破岩技术难以满足环境友好、爆破可控和经济高效的破岩技术需求。高压电脉冲破岩技术具有清洁、环保、可控等特征，如何将其应用于联合传统机械、水力压裂破岩技术上，并融合岩土工程和电气工程理论基础，是实现高效岩石破碎的技术难题。

本书汇集了笔者课题组成员近年来在高压电脉冲破岩机理及应用的主要研究成果，共分为 7 个章节。第 1 章为绪论，介绍本书所采用的研究方法及思路；第 2 章为高压电脉冲破岩机理研究，通过理论和数值模拟方法，研究高压电脉冲破岩全过程及其机理；第 3 章为高压电脉冲等离子体通道形成过程研究，构建岩石电击穿过程中等离子体通道演化模型；第 4 章为水下高压电脉冲放电机理与能量转换效率研究，基于气泡击穿理论，对水下高压电脉冲放电过程进行研究，分析电击穿和等离子体通道形成的微观机理，揭示水下高压电脉冲放电产生冲击波的过程；第 5 章为高压电脉冲-水力压裂联合破岩模型研究，在高压电脉冲破岩机理和等离子体通道形成过程的研究基础上，进一步研究高压电脉冲-水力压裂联合破岩技术，考虑储层宏观异构性和细观异质性，将天然裂缝引入理论和几何建模中，进一步模拟复杂地质条件下的高压电脉冲-水力压裂联合破岩力学性状演化规律；第 6 章为高压电脉冲-机械联合破岩力学性状研究，开发一种高压电脉冲-机械联合破岩模型；第 7 章为结论，对全书研究内容进行总结。

本书内容大多来自课题组成员已发表的期刊论文和学位论文，他们的作者是欧阳晰晧、冯伟康、宁肯、崔纪飞等。本书的撰写也得到了课题组其他成员的大力协助和支持，他们是金潇、陈熠杰、李威等，本书由金潇统一整理编辑成册。此外，课题组在这一领域和方向的研究工作得到了国家自然科学基金面上项目（42077435、42377171）等的资助。

由于时间有限，本书撰写过程中疏漏和不妥之处在所难免，殷切希望广大读者批评指正！

作者

2024 年 7 月于上海理工大学

目　　录

1 绪　　论

1.1　研究背景及意义

　　岩石破碎是隧道掘进和地热、矿物、油气等自然资源开发工程的核心研究内容,岩石破碎效率决定工程作业的经济效益。随着浅层资源的逐渐枯竭,千米深井的深部资源开采逐渐发展成为资源开发新常态,日益复杂的地质条件使岩石破碎难度不断增大。以往研究多采用钻爆、机械冲击等方法进行破岩,但无法满足保护环境、爆破可控和经济高效的破岩技术需求。例如,钻爆法难以实施定向爆破,且对原岩及附近支护结构扰动较大,易造成隧道突水和围岩失稳。而传统机械破岩随钻进深度的增加,普遍存在掘进速度慢、破岩效率低以及机械钻具磨损大等问题,严重影响施工进度和成本控制。资源的大量消耗和破岩效率的低下促使人们开始研发新型破岩技术,如何提高破岩效率且满足技术需求成为岩土工程领域亟待解决的关键问题。

　　本书基于理论分析和数值模拟方法,揭示高压电脉冲破岩机理;基于脉冲电路放电理论、等离子体通道扩张理论及岩体爆炸力学理论,构建高压电脉冲破岩理论模型,结合自主开发的岩石高压电脉冲破碎数值模型,对高压电脉冲作用下的岩石破碎过程展开机理分析;基于电击穿理论对高压电脉冲作用过程中等离子体通道形成过程进行描述,建立电损伤模型分析通道演化规律;通过理论分析,建立水下高压电脉冲放电能量转换效率数学模型,研究电学参数与能量转换效率之间的关系。

　　本书在此基础上进一步研究了高压电脉冲在预冲击作用下与传统破岩技术联合的可行性分析。①本书开发了高压电脉冲-水力压裂联合破岩多场耦合模型,探究高压电脉冲对后续水力压裂破岩的影响规律;同时考虑天然地层的围压、宏观异构性、细观异质性等,进一步分析了复杂地质条件下的高压电脉冲-水力压裂联合破岩过程,以协调高压电脉冲与其后续水力破岩的能量分布并提高高压电脉冲-水力压裂联合破岩效率。②本书建立了高压电脉冲-机械联合破岩模型,通过高压电脉冲预冲击引起岩石初步损伤,致使岩石强度降低并产生裂缝;再利用机械应力作用于岩石,使岩石产生径向拉伸裂纹和贯通裂缝;最终形成大面积剥落和破坏,实现高压电脉冲-机械联合高效破岩。本书揭示了高压电脉冲破岩机理,剖析了高压电脉冲-机械联合破岩效率及力学性状,阐明了高压电脉冲-机械联合作用下岩石裂纹发展规律,研究成果可助力隧道掘进、矿物开采等资源开发相关工程提高破岩效率。

1.2 国内外研究现状

高压电脉冲破岩及其相关联合应用技术是机电工程与岩土工程的学科交叉,涉及电路、电场、温度场、渗流场以及应力场的耦合作用,需要构建合理的多物理场耦合控制方程,清晰描述多个物理场之间的相互作用关系,并聚焦于高压电脉冲作用下通道发展规律,以揭示高压电脉冲破岩机理。同时,高压电脉冲载荷可以被考虑为冲击载荷,高压电脉冲破岩与传统破岩技术结合也可以被认为是一种在预冲击作用下的破岩技术。鉴于此,以下将从高压电脉冲破岩机理、高压电脉冲破岩与传统破岩技术结合两个角度展开详细阐述。

1.2.1 高压电脉冲破岩机理

高压电脉冲技术是利用脉冲放电产生的冲击波、射流或等离子体通道的力学效应使岩石产生裂纹直至破碎。相对传统破岩方法,电脉冲破岩技术有着环保、能够定向破碎以及易控制等优势。高压电脉冲破岩理论最早于 20 世纪 50 年代由苏联 Tomsk 理工大学提出,随后,瑞士 SelFrag AG 公司以高压电脉冲破岩技术为理论基础研制出系列矿石破碎工业化设备并尝试在采矿、资源回收等工业领域安装应用。国内关于高压电脉冲破岩技术的研究相对较晚,多数在理论及数值模拟研究阶段。因对设备的工艺要求以及高压安全防护成本较高,目前国内研制的电脉冲破岩装置大多还停留在实验室阶段,缺少在实际工程中的应用先例。

电脉冲破岩技术主要分为两种:电脉冲破岩和液电破岩。电脉冲破岩如图 1.1(a) 所示,电脉冲破岩通过发电装置使高压电脉冲直接作用于岩石表面,从而在岩石内部形成等离子体通道最终使岩石破碎。液电破岩如图 1.1(b) 所示,高压电脉冲首先在液体介质中形成等离子体通道,进而产生爆炸冲击波。由于液体介质的不可压缩性,冲击波会不断向前传播并作用于岩石表面,岩石因此破裂。相关试验表明,电脉冲在岩石中的传播速度比在水中快。因此,在相同功率下,电脉冲破岩的效率比液电破岩效率高。基于高压电脉冲破碎的优势特点,目前电脉冲技术已初步应用于钻井、岩石切割、矿石分解、矿物回收和钻探等工程领域。

虽然电脉冲技术具有很好的破岩效果,但由于整个过程涉及多个物理场作用,很难解释其破岩机理。过去几十年来,一些学者对电脉冲钻探进行了研究,通过现场试验观察在电脉冲作用下岩石裂纹的发展特征和断裂行为。Andres[1] 探讨了电压和能量密度对花岗岩破裂的影响,发现施加在岩石上的电场强度越高,岩石破裂所需的能量密度越低,并提出了三种优化能耗的方法:提高脉冲发生器的效率、优

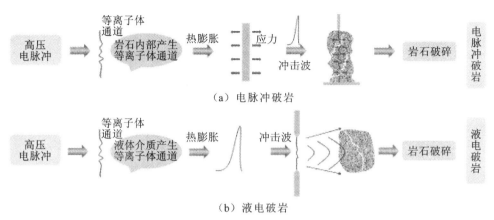

（a）电脉冲破岩

（b）液电破岩

图 1.1 两种破岩过程

化电极的几何形状和优化电脉冲的波形。在此基础上，Inoue 等[2]开发并优化了高压电脉冲电源装置。Wielen 等[3]使用 SelFrag 高压脉冲破碎机对 20 种岩石进行了脉冲放电试验，研究结果表明放电频率和电压幅值是影响破岩效率的两个主要因素。Peng 等[4]通过试验进一步发现，围压及位置也会对裂纹分布和拓展造成影响。

目前比较认同的高压电脉冲破岩过程主要分为四个阶段，如图 1.2 所示。当对岩石施加高压电脉冲后，岩石内部形成细小的放电先导，该过程中高压电极之间的岩石电压下降较小，回路中的电流也比较小（第 I 阶段），电极之间形成电场。当电场强度足够大时，高压电极附近产生初始等离子体通道并发展到接地电极，岩石内部形成树枝状的放电通道，并逐渐形成一条主要的等离子体通道（第 II 阶段），同时主通道会产生分支通道，该过程的回路电流增加很快。高压电极电脉冲能量释放到等离子体通道中，并对通道加热（第 III 阶段）。随后，等离子体通道受热膨胀，产生应力，并对周围的岩体做功，当应力超过岩石的临界应力强度时，岩石发生破碎（第 IV 阶段）。

除对岩石的现场试验以外，数值模拟分析也逐步应用于电脉冲破岩研究。Li 等[5]利用有限元分析了岩石组成和电参数等对高压电脉冲的影响，并模拟得到了岩石在电脉冲作用下电场场强分布特征。基于经典爆炸理论，岩石可视作均质、各向同性和不可压缩的流体模型[6,7]。因此，电脉冲破岩放电电路可被描述为一个 RLC 电路结构（一种由电阻、电感、电容组成的电路结构）。Burkin 等[6,7]和 Kuznetsova 等[8]基于 RLC 电路建立了高压电脉冲作用下岩石电爆动态模型，并通过数值模拟得到了电流、电压和冲击波压力等参数的变化曲线；根据结果还发现岩石内部形成的等离子体通道深度一般为电极间距的 1/3。Li 等[9]基于通道半径均匀假设、基尔霍夫方程和能量守恒等理论，推导了等离子体通道形成后的电脉冲破

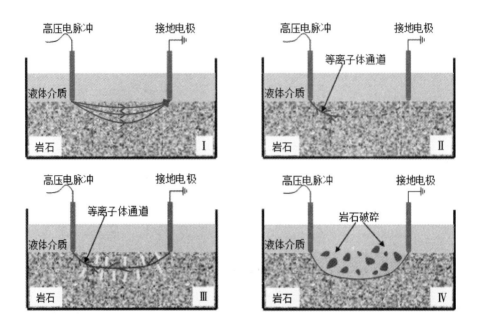

图 1.2 电脉冲破岩的四个阶段

岩冲击应力。Cho 等[10]则对高压电脉冲作用下岩石破裂过程进行了研究,模拟发现高压电脉冲放电是由介电击穿引起的应力对岩石产生的破碎作用。此外,Zhu 等[11,12]通过控制电路电流和加载电压电流场,实现了电击穿过程和电路结构参数的耦合,并用"电损伤"表示等离子体通道的形成变化。然而,该模型无法表示通道形成过程中的温度及应力变化。此外,Zhu 等[13]还通过离散元软件 PFC 建立了异质性岩石在高压电脉冲作用下的破岩模型,但 PFC 软件并不具备更新电场强度的功能,因此该模型缺乏高压电脉冲破岩多场耦合共同作用的条件。

综上所述,目前国内外的研究主要通过数值模拟和现场试验展开。现场试验可以观察到岩石最终的破裂情况,但无法揭示电脉冲作用过程中岩石微观特性的变化。作为一种新型破岩技术,目前人们对高压电脉冲破岩机理以及岩体电冲击特性研究还不够全面,存在诸多问题需要深入探讨:电脉冲在岩石中如何产生冲击波? 放电通道如何在岩石中发展? 目前国内研制的电脉冲破岩装置大多还停留在实验阶段,鲜见实际工程应用案例。整个电脉冲破岩过程非常复杂,涉及岩石工程领域与机电工程领域的交叉内容。高压电脉冲破岩过程伴随着强光和强热,且高压电极多以千伏为单位,危险系数高,所以目前研究多数暂时围绕岩石电冲击破碎理论及数值模拟展开。现有数值模型较少考虑脉冲破岩的多场耦合情况,并忽略了岩石电学特性与电场强度的变化关系。为解决此问题,作者根据电场强度建立电脉冲过程中岩石电导率变化模型,同时考虑多场耦合条件,以描述高压电脉冲作用下通道发展规律、温度以及力学变化,揭示高压电脉冲破岩机理。

1.2.2 高压电脉冲破岩与传统破岩技术结合

近年来,随着工程技术的不断发展,破岩技术在资源开采和地下工程施工中的重要性日益凸显。传统的机械破岩虽然被广泛应用,但在面对硬岩、复杂地质条件以及高效率要求的情况下显现出一定的局限性。为此,学者们开始探索将高压电脉冲技术与传统破岩方法结合的可能性,以期提高破岩效率和资源开采的经济效益。当前与传统技术的结合主要存在两个方向。

(1)高压电脉冲-水力压裂联合破岩。近年来,高压电脉冲-水力压裂联合破岩技术引起了广泛关注。通常,人们认为放电冲击后的水力破岩技术,实质是一种预损伤条件下的水压致裂过程。利用电脉冲形成的预制裂缝,可在井眼近区衍生出更多的张拉裂缝,达到提高破岩效率和增渗增产的效果[14,15]。现场试验表明,预裂爆破后的水力压裂破岩可以显著提高资源开采量[16,17]。高鑫浩和王明玉[18]通过现场煤矿井瓦斯抽采试验发现,深孔预裂爆破-水力压裂复合增透技术可显著提升瓦斯涌出量(常规方法的3.18倍),瓦斯含量的衰减强度也降低了77.3%。同时,针对矿山煤层地质构造复杂、透气性差、抽采效果差等问题,陈玉涛等[19]对水力压裂联合深孔预爆破增渗治理瓦斯的方法进行试验研究,结果表明联合预冲击技术可以显著提高煤层渗透性,相较传统水力压裂开采效率提升1.55倍。此外,这种预裂缝作用可以达到降低岩层整体强度、提高岩层渗透性的效果。研究人员发现,电脉冲后岩体整体强度显著降低,渗透性能显著提升,而这也为后续的水力压裂破岩提供良好环境[10,20]。可以看出,电脉冲作为一种新型环保、低能耗、易控制的破岩技术,联合水力冲击破岩技术可为自然资源开采提供更好的技术支持(图1.3)。事实上,岩石在受电脉冲后不仅表观体积与水力学性状发生了显著改变,强烈的放电效应还会引发岩石微观结构和电荷分布的改变以及岩石温度升高和能量变化,而上述改变也将影响高压电脉冲后水力压裂破岩增渗规律。

(2)高压电脉冲-机械联合破岩。尽管传统的机械破岩(例如TBM)仍然被广泛使用,但因其掘进速度慢、效率低、经济费用高等显著问题使得很多学者开始尝试将其与其他破岩手段联合作用。例如,刘超尹等[21]和Pressacco等[22,23]通过现场试验和数值模拟研究了微波辐照对硬岩机械性能的影响。研究结果表明,岩石经过微波加热预处理后,其抗压和抗拉强度明显降低,从而更有利于机械钻具对岩石的侵入。刘拓等[24]采用高能激光束辅助机械破岩,试验结果表明增大激光功率和辐射时长有助于提高破岩效率。Ciccu和Grosso[25]通过水射流辅助机械破岩试验发现,水射流能显著提高机械破岩的切割深度,并减少切割过程中滚刀温度过高

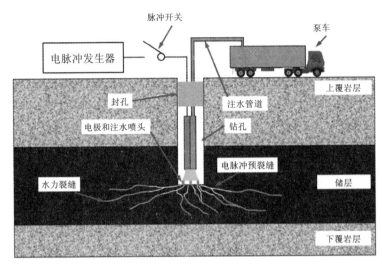

（a）概念模型

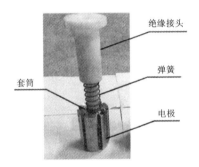

（b）高压电脉冲钻头

（c）电脉冲发生器

图 1.3　高压电脉冲-水力压裂联合破岩

的现象,从而延长钻具的使用寿命。然而,在煤层气等非常规油气藏上,水射流可能对储层造成破坏,不利于其使用前景[26]。由于超临界CO_2流体具有接近气体的低黏度和高扩散系数的特点,沈忠厚等[27]进行了超临界CO_2流体联合破岩研究。研究结果表明,将超临界CO_2流体用作钻井液或压裂液可以有效保护储层,降低破岩的门限压力,并提高射流的破岩能力。高压电脉冲-机械联合破岩试验装置示意图如图 1.4 所示。

　　上述联合破岩方法在一定程度上能提高破岩效果,但无法满足大工作面的工程破岩效率,并且水、超临界CO_2、激光等设备容易受到工作条件的限制[28]。因此,针对大工作面的硬岩破裂工程,应引入一种能够实现大尺度硬岩预裂的新型联合破岩技术。目前鲜有关于高压电脉冲-机械联合破岩的研究。事实上,高压电脉冲-

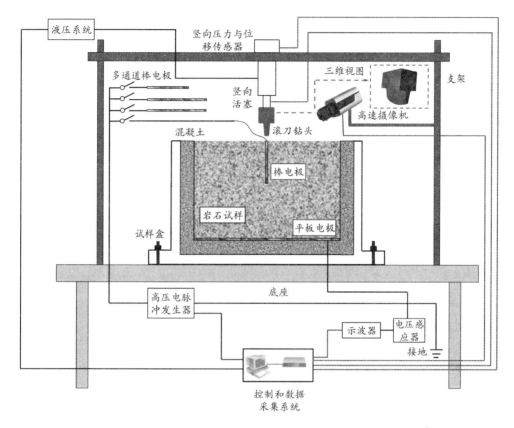

图 1.4 高压电脉冲-机械联合破岩试验装置示意图

机械联合破岩具有潜在的高效应用前景。通过高压电脉冲作用,首先在岩石内部形成贯穿的等离子体通道,从而对岩石内部造成预损伤,最后便能通过机械破岩实现岩域大面积破裂。另外,机械钻头与高压电极均为金属材质,高压电脉冲-机械联合破岩相比于水、超临界 CO_2 和激光等更容易达到技术要求。

综上所述,高压电脉冲联合水力压裂破岩和高压电脉冲联合机械破岩技术代表了当前破岩技术发展的新方向。因此,本书将高压电脉冲和传统破岩技术相结合提出了创新性方法,采用高压电脉冲-水力压裂联合破岩技术以及将高压电脉冲与传统机械联合破岩的新技术以提高深部储层开发工程中的岩石破碎效率。①通过高压电脉冲技术冲击岩层,使岩层产生预裂缝和预损伤。这种预损伤一方面可以降低岩层强度,另一方面可以改善储层水力学特性(渗透性、孔隙率等)。预裂缝还可以作为预切缝使用。②利用高压喷头进行水力压裂或利用滚刀钻头产生机械应力作用实现岩石的侧向开裂和垂直裂缝的贯通,最终导致岩石的大面积剥落和破坏,进一步使岩层破碎。

1.3 本书研究内容

本书基于解析和数值模拟方法,对高压电脉冲联合破岩机理及其力学性状演化规律展开研究,包含以下几个方面。①基于电路理论、电弧通道平衡理论以及等离子体状态方程,构建高压电脉冲放电模型,导出高压电脉冲放电的电流、电压、等离子体通道半径及冲击波压力的时程曲线,考虑爆炸力学理论和岩石力学参数,建立高压电脉冲破岩解析模型。②通过数值模拟方法建立"电路-应力-损伤"相关联的高压电脉冲破岩数值模型,结合理论方法共同揭示高压电脉冲破岩机理。在此基础上,进一步探索电脉冲作用下等离子体通道形成的物理过程,考虑不同因素对等离子体通道沉积能量、冲击波机械能及能量转化效率的影响。基于气泡击穿理论,对水下高压脉冲放电过程进行研究,揭示水下高压脉冲放电产生冲击波的过程,联合电学方程和能量平衡方程,求解等离子体通道的发展过程和瞬态特性,构建冲击波能量转换效率数学模型,研究放电回路参数与能量转换效率之间的关系。

随后,本书将高压电脉冲与传统破岩技术结合,进行了相关研究,包含以下几个方面。①本书探究了高压电脉冲与水力压裂联合破岩响应规律,将高压电脉冲后的损伤和水力学参数作为初始解,进一步模拟在预电脉冲损伤下的水力压裂过程,考虑天然地层的宏观异构性(节理的张开位移、剪切滑移及刚度演化等)、细观异质性及围压,分析复杂地质条件下的高压电脉冲-水力压裂岩石破碎过程、力学性状演化及水力学参数演化。②本书以高压电脉冲破岩为基础,将其与机械破岩进行联合,提出高压电脉冲-机械联合破岩技术,同时构建联合破岩模型。先对岩石进行高压电脉冲预处理,造成应力损伤,通过机械应力冲击岩石,以此建立高压电脉冲-机械联合破岩模型;采用最大拉应力准则和断裂力学理论对岩石的力学响应进行求解,分析高压电脉冲-机械联合作用下岩石破碎和力学性状演化过程。

1.4 高压电脉冲破岩机理及力学性状研究技术路线

如图 1.5 所示,"高压电脉冲破岩机理及等离子体通道形成过程研究"与"高压电脉冲与传统破岩技术联合破岩研究"构成了本书关于"高压电脉冲破岩机理及力学性状研究"问题的两大研究方面。

高压电脉冲破岩机理及等离子体通道形成过程研究包含以下方面。①建立了高压电脉冲破碎岩石全过程的解析解和数值模型,以揭示高压电脉冲破岩机理。提出的解析方法可以求解脉冲放电的电压、电流、冲击波压力等的时程曲线和岩石粉碎、破碎及裂隙区分布范围。数值方法可以进一步模拟高压电脉冲破碎岩石动

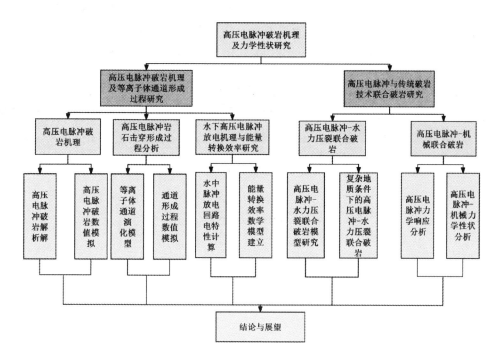

图 1.5   高压电脉冲破岩机理及力学性状研究技术路线

态全过程,包括裂缝发展规律以及力学参数演化。本书参考 Walsh 模拟的电脉冲断裂花岗岩思路[29],将接地电极和高压电极分别置于岩石的一侧,重点从等离子体通道形成角度探究高压电脉冲破岩机理。通过脉冲上升时间和脉冲电压峰值来控制高压电脉冲波形,这在一定程度上可以简化模型。②建立在高压电脉冲作用下等离子体通道发展模型,同时考虑岩石中可能出现的矿物颗粒,综合分析电击穿过程中等离子体通道的形成规律和影响因素。③通过放电电路理论、等离子体通道平衡理论以及等离子体通道力学方程,求解出等离子体通道电阻、等离子体通道沉积能量、冲击波机械能等的时程曲线,建立了水下高压电脉冲放电能量转换效率的数学模型,并研究不同电学参数对等离子体通道形成的影响。

高压电脉冲与传统破岩技术联合破岩研究包含以下方面。①本书构建了高压电脉冲-水力压裂联合破岩数值模型,模型包含渗流-应力-损伤多物理场耦合关系,本构模型考虑了岩石材料的拉伸-剪切各向异性弹脆性损伤特征。在此基础上,提出了复杂地质条件下的高压电脉冲-水力压裂破岩模型,模型包含天然地层的宏观异构性、细观异质性以及围压效应,考虑天然节理刚度和孔径随正应力的非线性演化、天然裂缝的张开-闭合位移、天然裂缝的剪切滑移和剪切膨胀、岩石材料力学特性的异质性分布、地层最大、最小主应力及对岩石破碎过程的影响规律。②以高压电脉冲破岩为基础,并将其与机械破岩进行联合,提出高压电脉冲-机械联合破岩技术,同时构建联合破岩模型。先对岩石进行高压电脉冲预处理,造成应力损伤,再通过机械应力对岩石进一步作用,得到高压电脉冲-机械联合作用下岩石力学性状演化规律。

本书研究成果有助于加深对高压电脉冲岩体破碎过程及机理的理解,促进高压电脉冲破岩技术在矿物开采、油气开发等工程领域的实际应用。另外,本书提出的高压电脉冲联合传统破岩方法也为高压电脉冲技术的应用提供了新思路,有助于开发利用更高效的破岩技术。

2 高压电脉冲破岩机理研究

近年来,传统岩石破碎效率受到破碎技术制约而发展缓慢[30]。例如,钻爆法常难以实施精准定向破岩,且对原岩扰动大,易导致隧道突水和围岩失稳[31];而传统机械钻具在钻探开发和隧道掘进过程中普遍存在掘进速度慢、效率低、费用高以及钻头磨损大等问题,尤其在碰到高强度岩石地层时,将严重影响施工进度和成本控制[32,33]。高压电脉冲破岩是一种新型岩石破碎技术,近年来受到了国内外研究人员的广泛关注。不同于传统机械冲击、热胀冷缩和化学爆破方法,高压电脉冲破岩技术具有环保、可控及易重复等优势[34]。然而,关于高压电脉冲破岩机理及其主要影响因素的研究还较为匮乏,使得高压电脉冲工程应用缺少理论支持和技术指导。

为了分析岩石在高压电脉冲作用下的破碎机理,本章提出了高压电脉冲破碎岩石全过程解析模型和数值模型。解析方法包含高压电脉冲等效电路、等离子体通道力学模型及岩石电破碎力学损伤过程分析三个部分。首先,基于基尔霍夫方程和等离子体阻抗模型提出了高压电脉冲放电电路控制方程,计算得到了电脉冲过程中等离子体通道中电压和电流时程曲线。在此基础上,考虑了等离子体能量守恒、动量守恒以及固体介质状态方程,得到了高压电脉冲破岩冲击波压力时程曲线。将冲击波压力作为载荷源,通过爆炸力学和断裂力学理论,构建了电脉冲作用下岩体分区破坏理论模型。随后,以花岗岩材料参数为例,构建高压电脉冲破碎岩石的数值模型,分析了高压电脉冲破碎岩石全过程。通过将解析方法与数值模拟和试验结果对比,充分验证了本章方法的有效性和适用性。

2.1 高压电脉冲破岩解析模型

2.1.1 高压电脉冲等效电路

高压电脉冲等效电路主要由直流升压电源、脉冲电流发生器和输出端(放电电极)组成,如图 2.1 所示。左侧区域的直流升压电源用以给右侧脉冲电流发生器充电,电容器储存电能并用于脉冲放电。脉冲电流发生器的火花间隙和电感分别用于保护电路和调整放电时的脉冲波形。放电电极用于释放电能以破碎岩石。

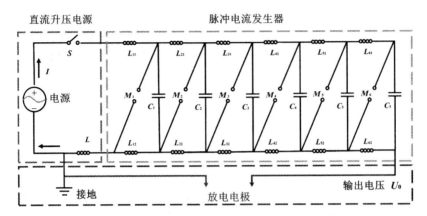

图 2.1 高压电脉冲放电装置示意图

S—开关;L—电感;M—火花间隙;C—电容

通过简化放电装置,电脉冲破岩放电电路可以描述为一个 RLC 电路,如图 2.2 所示。当开关闭合时,脉冲电流击穿岩石并形成放电通道,岩石被考虑为包含电阻 R_{ch} 的导体。值得注意的是,当开关关闭时,电流 i 不会立即产生,电容器的能量只有在岩石被电击穿后才开始释放。RLC 放电电路可以通过基尔霍夫定律描述[6]:

$$L \cdot \frac{\mathrm{d}i}{\mathrm{d}t} + (R_z + R_{ch}) \cdot i = U \tag{2.1}$$

$$\frac{\mathrm{d}U}{\mathrm{d}t} = -\frac{i}{C} \tag{2.2}$$

式中,i 为回路电流,U 为电容的瞬时电压;R_z 和 R_{ch} 分别为放电装置和等离子体通道的电阻。电感 L、回路电阻 R_z 和电容 C 为固定参数,不考虑随时间的变化。

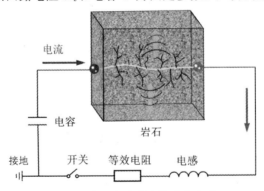

图 2.2 高压电脉冲等效放电电路

击穿通道电阻 R_{ch} 采用广泛用于等离子体通道的 Weizel-Rompe 阻抗模型[6,35],可以通过电流积分的形式表示：

$$R_{ch} = \frac{K_{ch} \cdot l_{ch}}{\left(\int_0^t i^2 \, dt\right)^{1/2}} \tag{2.3}$$

式中，K_{ch} 为火花常数；l_{ch} 为等离子体通道长度。

联立式(2.1)～式(2.3)，电流 i 可以表示为：

$$\frac{d^2 i}{dt^2} + \left[\frac{R_z}{L} + \frac{K_{ch} \cdot l_{ch}}{L\left(\int_0^t i^2 \, dt\right)^{1/2}}\right]\frac{di}{dt} - \frac{K_{ch} \cdot l_{ch}}{2L\left(\int_0^t i^2 \, dt\right)^{3/2}}i^3 + \frac{1}{LC}i = 0 \tag{2.4}$$

式(2.4)的初始值为：

$$\begin{cases} i\,\Big|_{t=0} = 0 \\ \dfrac{di}{dt}\,\Big|_{t=0} = \dfrac{U_0}{L} \end{cases} \tag{2.5}$$

式中，U_0 为放电电压。

高压电脉冲破岩等效电路可由电路控制方程[式(2.4)]和初值条件[式(2.5)]描述，通过龙格-库塔方法求解。

2.1.2 等离子体通道力学模型

前文通过求解脉冲放电电路控制方程[式(2.4)]和初值条件[式(2.5)]可以得到等离子体电压 U 和电流 i 的时程曲线。基于此，通过构建等离子体能量守恒、质量守恒和固体介质的状态方程，可以得到岩石中放电通道体积 V 和冲击波压力 P 的时程曲线。

当脉冲放电装置开始放电并在电路中产生电流时，会在岩石中形成一个放电通道，如图2.3所示。根据能量平衡理论，脉冲放电的能量被注入等离子体通道内。随后，等离子体通道的能量进一步转化为通道内能和通道膨胀机械做功（冲击波能量）。

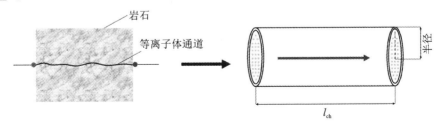

图 2.3 等离子体通道概念模型

等离子体通道的总能量 W_{ch} 可以通过欧姆定律表示为:

$$W_{ch} = \int_0^t i^2 R_{ch} \mathrm{d}t \qquad (2.6)$$

总能量 W_{ch}、内能 W_{in} 和冲击波能量 W_{ws} 的能量平衡关系是连接等离子体通道能量和冲击波能量的关键方程,可以表示为[6]:

$$\frac{\mathrm{d}W_{ch}}{\mathrm{d}t} = \frac{\mathrm{d}W_{ws}}{\mathrm{d}t} + \frac{\mathrm{d}W_{in}}{\mathrm{d}t} \qquad (2.7)$$

式中,P 和 V 分别为冲击波压力和等离子体通道体积;$\mathrm{d}W_{ws} = \mathrm{d}(P \times V)/(\gamma - 1)$,描述了在通道压力作用下,膨胀的通道在其体积 $V = \pi r^2 l_{ch}$ 改变时所做的机械功的微分;γ 为有效比热比;r 为通道半径;$\mathrm{d}W_{in}$ 为等离子体通道内能,$\mathrm{d}W_{in} = P \times \mathrm{d}V$。

等离子体通道膨胀产生的冲击波压力 P 可以描述为[36]:

$$P = \frac{\gamma - 1}{\gamma \times V} W_{ch} \qquad (2.8)$$

波速、冲击压力和介质密度在波阵面两侧存在不连续,为此,考虑使用广泛用于描述冲击波发展的 Rankine-Hugoniot 条件来描述波阵面的质量守恒关系和动量守恒关系[37]。如图 2.4 所示,在波前和放电通道之间考虑了一个无厚度薄层,以将波阵面两侧区分为扰动区和非扰动区。在扰动区,波速、密度和冲击波压力都具有一个增量。

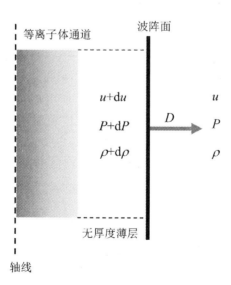

图 2.4 等离子体通道扩张模型

u—质点振动速度;P—冲击波压力;ρ—密度;D—冲击波的波前速度

冲击波的波前速度 D 被认为是电弧爆炸速度,$D \gg u$,即电弧爆炸速度远大于

质点振动速度。基于此,波阵面的质量守恒方程和动量守恒方程可以由下式给出:

$$\rho(D-u)=(\rho+\mathrm{d}\rho)[D-(u+\mathrm{d}u)] \tag{2.9}$$

$$(P+\mathrm{d}P)-P=\rho(D+u)[(u+\mathrm{d}u)-u] \tag{2.10}$$

岩石的力学性能可以通过广泛应用于描述受冲击载荷作用的岩石类介质材料的 Murnaghan 状态方程定义[38]:

$$P=\phi[(\rho_0/\rho)^n-1] \tag{2.11}$$

式中,ρ_0 为介质的初始密度;ϕ 和 n 为实验参数,可以通过实验确定,$\phi=\rho_0 c^2/n$。

将状态方程[式(2.11)]和质量守恒方程[式(2.9)]代入动量守恒方程[式(2.10)],可以得到冲击波压力 P 和电弧通道体积 V 之间的关系如下:

$$\frac{\mathrm{d}V}{\mathrm{d}t}=\left(\frac{n\pi l V}{\rho}\right)^{\frac{1}{2}}\phi^{\frac{1}{2n}}\left[(P+\phi)^{\frac{n-1}{2n}}-\phi^{\frac{n-1}{2n}}\right] \tag{2.12}$$

通过求解等离子体通道能量守恒方程[式(2.7)]及式(2.12),可以得到冲击波压力 P 和电弧通道体积 V 的时程演化曲线。

2.1.3 岩石电破碎力学损伤过程分析

在宏观条件下,假设放电电弧和岩石之间没有介质,两者为联合体,即不考虑界面反射。等离子体通道内发生电爆后,等离子体通道急剧扩张形成冲击波超压并作用于岩石基质。入射岩石基质内部的冲击波会对岩石介质造成应力扰动,导致岩石发生压缩破坏、剪切破坏和拉伸破坏。岩石材料刚度通常较大($10^{10}\sim10^{11}$ GPa),可以认为波阵面两侧岩石介质振动速度差异较小。此外,不考虑远场边界的干扰。在此基础上,岩石介质中径向应力波、环向应力波及质点速度随半径的衰减关系可以表示为:

$$\sigma_r=P_d\left(\frac{r}{r_b}\right)^{-\alpha} \tag{2.13}$$

$$\sigma_\theta=\bar{\omega}P_d\left(\frac{r}{r_b}\right)^{-\alpha} \tag{2.14}$$

$$v_r=v_{r0}\left(\frac{r}{r_b}\right)^{-\alpha} \tag{2.15}$$

式中,P_d 和 v_{r0} 分别为电弧爆炸入射岩石中的峰值压力和初始速度;r 为质点与等离子体放电中心之间的距离;r_b 为峰值压力传入岩石介质时的电弧通道半径;σ_r、σ_θ、v_r 分别为柱坐标下距离电弧通道中心 r 处的径向应力、环向应力和质点速度;$\bar{\omega}$ 为侧压力系数;α 为应力波的衰减指数。

在本书中,电弧爆炸的扰动区域从内到外被分为压缩粉碎区、剪切破碎区、拉伸裂缝区以及弹性变形区,如图 2.5 所示。

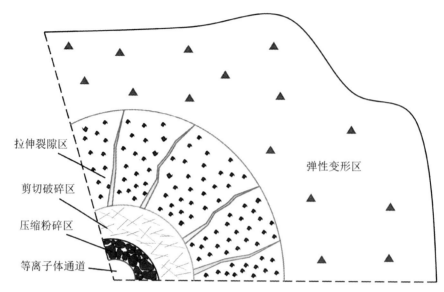

拉伸裂隙区

剪切破碎区

压缩粉碎区

等离子体通道

弹性变形区

图 2.5　岩石高压电脉冲分区破碎模型

等离子体通道外侧即压缩粉碎区,受到压缩波的强烈扰动,岩石介质表现出流变特性。对于高压脉冲电流诱导的电弧柱状膨胀爆轰波,可以认为岩石介质处于平面应变状态。考虑到岩石材料受到压缩-剪切-拉伸的混合应力状态,可以将Mises 准则引入破坏区的计算[39,40]。当密闭介质中的高压冲击波直接作用于岩石时,电弧通道周围的岩石会受到挤压破坏作用。此外,电弧冲击波周围受压力扰动的区域被认为是高应变率区域[41,42],应变率效应的压缩粉碎区的半径可以计算为:

$$\frac{r_c}{r_b} = \left[\frac{0.63 f_c}{BP_d}\right]^{\frac{25}{4-21\alpha_1}} \left[\frac{\alpha_1 v_{r0}}{r_b}\right]^{\frac{4}{4-21\alpha_1}} \tag{2.16}$$

式中,r_c 为压缩粉碎区半径;f_c 为岩石单轴抗压强度;B 为 Mises 名义应力转换系数,$B = 2^{-0.5} \times [(1+\bar{\omega})^2 - (1+\bar{\omega}^2) - 2\mu/(1-\mu)(1-\bar{\omega})^2]^{1/2}$;$\alpha_1$ 为压缩粉碎区冲击波的衰减指数,$\alpha_1 = 2 + \mu/(1-\mu)$;$\bar{\omega}$ 和 μ 分别为侧压力系数和泊松比,$\bar{\omega} = \mu/(1-\mu)$。

一些实验研究发现[10,12],作用于钻孔附近的冲击应力扰动难以在围岩中产生明显的压缩粉碎区。即使云地闪电以数十千安的峰值电流作用于岩石,现场观察也只发现石英表面出现半径为 4~10 mm 的压缩粉碎区[43,44]。为了进一步研究放电形成的冲击波压力与压缩粉碎区之间的关系,假设 $r_c = r_b$,形成压缩粉碎区的最小冲击压力 P_c 可以表示为:

$$P_c = \frac{0.63 f_c \left(\dfrac{\alpha_1 v_{r0}}{r_b}\right)^{\frac{4}{21}}}{B} \tag{2.17}$$

假设取岩石单轴抗压强度为 240 MPa,泊松比为 0.2,电弧通道半径为 3 mm,则形成破碎区的最小冲击压力为 $P_c \approx 3.3$ GPa,远高于电脉冲装置在爆孔附近产生的冲击压力[45],即从理论上解释了电脉冲难以在围岩中产生明显的压缩粉碎区。一方面,电脉冲形成的冲击波在围岩中产生强烈的扰动,使得岩石在高应变率效应的作用下,抗压强度急剧增加。另一方面,脉冲放电所形成的钻孔半径较小,使得压缩破碎岩石所需的冲击波压力相对较大。

压缩粉碎区外的冲击波由爆轰波衰减为应力波,继续对围岩施加剪切应力。受到剪切应力作用的围岩区域属于低应变率区域,因此,应变率效应对材料强度的影响被忽略了。对于 $P_d \ll P_c$,钻孔围岩剪切破碎区半径可以计算为[39]:

$$r_s = \left(\frac{f_t}{f_c}\right)^{-\frac{1}{\alpha_2}} r_b \qquad (2.18)$$

式中,r_s 为剪切破坏的半径;f_t 为岩石的单轴抗拉强度;α_2 为应力波在剪切破碎区的衰减指数,$\alpha_2 = 2 - \mu/(1-\mu)$。由式(2.18)可以看出,剪切破碎区的范围不仅受岩石抗拉强度影响,还与抗压强度有关,即岩石的抗压与抗拉强度的比值越大,剪切破坏就越明显,该现象在一些电脉冲破碎岩石的实验研究中得到了证实[10,12]。进一步求解钻孔围岩在电冲击下的剪切破碎区厚度为:

$$D_s = \left[\left(\frac{f_t}{f_c}\right)^{-\frac{1}{\alpha_2}} - 1\right] r_b \qquad (2.19)$$

式中,D_s 为围岩剪切破碎区的厚度。

综上,在爆轰波和应力波的作用下,钻孔围岩形成剪切破碎区。随后,钻孔中的爆轰产物膨胀,将周围的承压介质进一步挤压到围岩裂缝中,促进围岩裂缝进一步扩展。以一条裂缝为研究对象以分析裂缝的发展过程,图 2.6 中给出了裂缝尖端的应力场和相对位移场。

基于断裂力学中对拉伸裂缝发展的描述,平面内裂缝尖端可能出现 2 类不同的起裂模式[46]:拉伸裂缝(Ⅰ型裂缝)和平面内剪切裂缝(Ⅱ型裂缝)。如果电弧钻孔周围裂缝能够在爆轰产物的恒定压力下稳定发展,则围岩受到平面内剪应力作用的Ⅱ型裂缝模式可以被忽略。因此,只考虑钻孔围岩的Ⅰ型裂缝,极坐标下裂缝尖端的环向应力可以表示为:

$$\sigma_\theta = \frac{K_I}{\sqrt{2\pi r}} \cos^3 \frac{\theta}{2} \qquad (2.20)$$

式中,σ_θ 为裂缝尖端的环向应力;θ 为裂缝尖端的起裂角;K_I 为Ⅰ型裂缝的动态应力强度因子。

根据式(2.20)可以发现,当围岩的周向应力最大时,围岩中存在一个最佳裂缝起裂角度。根据图 2.6(b)对裂缝尖端位移场的描述,裂缝底部宽度可以表示为:

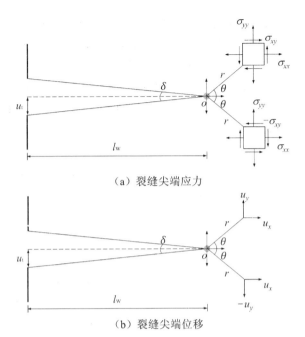

（a）裂缝尖端应力

（b）裂缝尖端位移

图 2.6　裂缝尖端力学性状描述

$$u_t = \frac{K_1}{2G}\sqrt{\frac{l_w}{2\pi\cos\frac{\delta}{2}}}\cos\frac{\delta}{4}\left(\lambda + \cos\frac{\delta}{2}\right) \tag{2.21}$$

式中，l_w 为裂缝长度；λ 为热绝缘系数；G 为剪切模量，$G = E/2(1+\mu)$。

对于单条裂缝，裂缝尖端应力将随着裂缝长度的发展而逐渐减小。假设裂缝最终长度为 l_w，裂缝停止发展时对应的临界压力为 P_w。考虑到高压爆炸产物的等熵膨胀，根据声学近似原理，可以得到临界压力与峰值压力的关系[47]：

$$\frac{P_d}{P_w} = \left[1 + \frac{mu_t(2D_s + l_w)}{\pi r_c^2}\right]^k \tag{2.22}$$

式中，P_w 为裂缝停止发展时的临界压力；l_w 为裂缝停止发展的长度；m 为钻孔周围主要裂缝的数量；k 为等温指数。

本书用应力强度因子来描述 I 型裂缝的产生，当应力强度因子达到其临界值时，裂缝就会产生，该临界值被称为 I 型裂缝的断裂韧性 K_{IC}。因此，围岩中裂缝产生的条件可以表示为[46]：

$$K_I = K_{IC} \tag{2.23}$$

假设远场围岩裂缝尖端的起裂角较小，P_w 受残余抗拉强度 $f_{tr}(f_{tr} = \eta f_t)$ 控制，考虑围岩起裂的最大环向应力准则，受高压电脉冲冲击作用下的围岩中拉伸裂缝的最终长度可以通过联立式(2.14)、式(2.20)～式(2.23)计算为：

$$l_w = \sqrt{D_s^2 + \frac{2\pi Gb\left[\left(\frac{P_d}{f_{tr}}\right)^{\frac{1}{k}} - 1\right]r_c^2}{n(\lambda+1)f_{tr}}} - D_s \tag{2.24}$$

2.2 高压电脉冲破岩数值模型

本章提出的解析方法可以应用于计算放电装置作用下脉冲电流对岩石破碎的最终分区计算结果，而无法模拟岩石损伤破碎过程。为了进一步探究岩石在高压电脉冲冲击下的破坏发展演化过程，本节建立了一个电路-应力-损伤耦合数值模型，以模拟岩石在高压电脉冲作用下的裂缝拓展和力学特性演化规律。

2.2.1 岩石应力场控制方程和损伤模型

岩石应力场控制方程可由运动微分方程描述为：

$$\nabla \cdot \boldsymbol{\sigma} + \boldsymbol{F}_v = \rho \frac{\partial^2 \boldsymbol{u}}{\partial^2 t} \tag{2.25}$$

式中，$\boldsymbol{\sigma}$ 为应力张量；$\boldsymbol{F}_v$ 为体力张量；ρ 为岩石密度；$\boldsymbol{u}$ 为位移张量。岩石微观破坏的力学行为本质上是刚度的劣化和承载能力的降低。因此，考虑单元损伤的岩石材料应力-应变关系可以通过引入损伤因子 ω 描述为：

$$\boldsymbol{\sigma} = (1-\omega)\boldsymbol{D} : \boldsymbol{\varepsilon} \tag{2.26}$$

式中，$\boldsymbol{D}$ 为各向同性弹性矩阵；$\boldsymbol{\varepsilon}$ 为应变张量。本书定义以拉应力和拉应变为正，压应力和压应变为负。损伤因子 ω 取值为 0～1。当 ω 为 0 时，该单元不发生破坏，当 ω 接近 1 时表示该单元发生破坏，失去承载能力。本章考虑的各向同性损伤破坏模型被应用于模拟岩石在高压电脉冲冲击作用下的破坏过程，满足 Kuhn-Tucker 加载-卸载条件[48]：

$$f(\widetilde{\varepsilon}, \kappa) \leqslant 0, \quad \frac{\partial \kappa}{\partial t} \geqslant 0, \quad \frac{\partial \kappa}{\partial t} f(\widetilde{\varepsilon}, \kappa) = 0 \tag{2.27}$$

式中，$\widetilde{\varepsilon}$ 为等效应变；κ 为记录最大等效应变的内部变量；f 为损伤加载函数，可以描述为[48]：

$$f(\widetilde{\varepsilon}, \kappa) = \widetilde{\varepsilon}(\boldsymbol{\varepsilon}) - \kappa \tag{2.28}$$

拉伸和压缩应变分别满足如下定义：

$$\widetilde{\varepsilon}_t = -\frac{\|\langle -\boldsymbol{D} : \boldsymbol{\varepsilon}\rangle\|}{E} \tag{2.29}$$

$$\widetilde{\varepsilon}_c = \frac{\|\langle \boldsymbol{D} : \boldsymbol{\varepsilon}\rangle\|}{E} \tag{2.30}$$

式中，$\|\ \|$ 为范数算子符号，$\langle\rangle$ 为 Macaulay bracket 算子符号。

细观单元在拉伸和压缩损伤下的损伤因子 ω 满足图 2.7 所示的弹脆性演化关系。

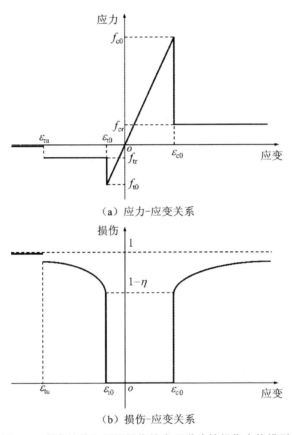

（a）应力-应变关系

（b）损伤-应变关系

图 2.7 考虑拉伸和压缩损伤的岩石弹脆性损伤本构模型

表达式可以写作[49]：

$$\omega_t = \begin{cases} 0 & \kappa_t \leqslant \varepsilon_{t0} \\ 1 - \dfrac{f_{tr}}{E\kappa_t} & \varepsilon_{t0} \leqslant \kappa_t \leqslant \varepsilon_{tu} \\ 1 & \kappa_t \geqslant \varepsilon_{tu} \end{cases} \tag{2.31}$$

$$\omega_c = \begin{cases} 0 & \kappa_c \leqslant \varepsilon_{c0} \\ 1 - \dfrac{f_{cr}}{E\kappa_c} & \kappa_c \geqslant \varepsilon_{c0} \end{cases} \tag{2.32}$$

式中，ω_t 和 ω_c 分别为拉伸和压缩损伤因子；ε_{t0} 和 ε_{c0} 分别为拉伸和压缩临界等效应变，$\varepsilon_{t0} = -f_t/E$，$\varepsilon_{c0} = f_c/E$；$f_t$ 和 f_c 分别为单轴拉伸强度和单轴抗压强度；f_{tr} 和

f_{cr} 分别为残余抗拉强度和残余抗压强度,$f_{tr}=\eta f_t$,$f_{cr}=\eta f_c$;η 为残余强度因子;κ_c 和 κ_t 分别为记录最大压缩应变和拉伸应变的内部变量。

2.2.2 数值模型建立

岩石是一种异质性材料,异质性诱导岩石中微裂缝的形成、延伸和凝聚进而演变为裂缝成核和裂缝拓展。这表明在没有异质性的情况下,局部损伤行为在宏观尺度上被复制,难以出现损坏的局部化行为。为了反映岩石在细观尺度上的异质性,岩石力学性状的空间分布由双参数 Weibull 函数控制[50]:

$$\varphi(\chi)=\frac{m}{\beta}\left(\frac{\chi}{\beta}\right)^{m-1}\exp\left(-\left(\frac{\chi}{\beta}\right)^m\right) \tag{2.33}$$

式中,χ 为单元异质性变量;β 为给出分布特征的尺度参数,在本章中取为 100;m 为描述空间分布异质性指数。岩石抗拉强度的异质性分布特征如图 2.8 所示,从图中可以看出,随着异质性指数 m 的增加,岩石的抗拉强度分布将更加均匀。

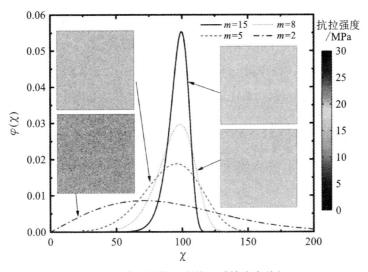

图 2.8 岩石抗拉强度的异质性分布特征

如图 2.9 所示,该模型被假设为二维方形岩石几何域(俯视图),中心包含一个高压电脉冲钻孔。平面外厚度等于等离子体通道长度 l。空间域的抗压和抗拉强度分布满足 $m=5$ 的 Weibull 函数,同时模型的边界被设置为低反射边界,以避免反射波的干扰。模型边长和钻孔半径分别为 600 mm 和 3 mm。计算得到的冲击波压力被考虑为应力场载荷源,作用于钻孔边界。

数值模型使用非结构化网格进行空间离散,在钻孔周围进行网格局部细化以提高收敛性和计算精度。时域计算采用自适应步长的隐式向后差分算法计算,设

定最大时间步长 $\Delta t_{\max}=0.1\ \mu s$,容差为 0.001。

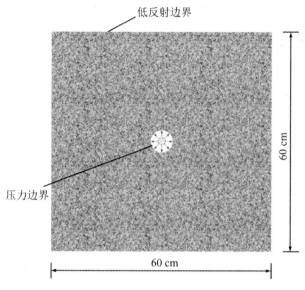

图 2.9 数值模拟几何模型和边界条件

数值模拟在单个时间步内耦合计算电路、等离子体通道动量-能量平衡、运动微分方程和损伤本构模型。这表明在一个时间步长内,电路中的电压和电流、等离子体通道的体积和冲击波压力以及岩石的力学行为同时被计算。以花岗岩材料为例,表 2.1 给出了放电装置、等离子体通道和岩石的物性参数。

表 2.1 放电装置、等离子体通道和岩石的物性参数

参数	取值	参数	取值
放电电压 U_0	10 kV	材料系数 n	4
电容 C	5 μF	弹性模量 E	35 GPa
电感 L	5 μH	密度 ρ	2700 kg/m^3
电路电阻 R_z	1 Ω	抗拉强度 f_t	18 MPa
火花常数 K_{ch}	611 V·s$^{1/2}$·m^{-1}	抗压强度 f_c	240 MPa
初始通道半径 r_0	0.5 mm	残余强度比 η	0.1
比热比 γ	1.1	泊松比 μ	0.2
体积常数 ψ	8.5 GPa	异质性指数 m	5

2.3 高压电脉冲破岩模型验证

Burkin 等[6]通过数值方法预测了岩石类固体材料中发生电爆的功率和电学特性演化。将本章提出的解析模型取与文献[6]相同的放电参数进行计算,以对比验证本书电路模型的有效性。模型验证的电路放电参数与文献[6]一致,参数取 $U_0 = 280\ \mathrm{kV}, L = 5\ \mu\mathrm{H}, l_{ch} = 2.5\ \mathrm{cm}$。图 2.10(a)描述了高压电脉冲破岩电流 i 的时程曲线,从图中可以看出本书提出的解析模型与文献[6]中的电流波形大致相同。此外,可以发现在只增加电容 C 的条件下,等离子体通道中的峰值电流 I_m 上升,波形周期增大,这意味着放电能量也在增加。图 2.10(b)描述了等离子体通道内电阻 R_{ch} 的时程曲线。如图 2.10(b)所示,可以发现本书与文献[6]之间的通道电阻吻合较好。图 2.10(b)显示,在开始的 0.5 μs 内通道电阻急剧下降,这是由于花岗岩在强电流作用下被击穿。此外可以发现,电容 C 越大,击穿电阻也越高。

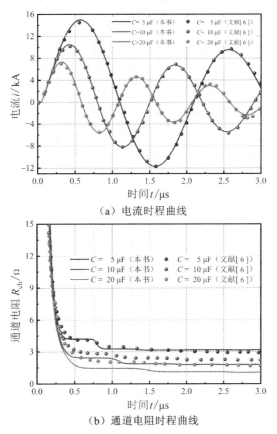

（a）电流时程曲线

（b）通道电阻时程曲线

图 2.10　高压电脉冲破碎岩石电路参数模型验证

为了探究高压电脉冲破碎脆性材料(混凝土、岩石等材料)产生的冲击波压力演化过程,Park 等[51]利用电脉冲设备进行了实验室脉冲放电破岩实验。考虑到冲击波在介质内的传播和衰减,文献中设置了两个传感器来监测不同位置的应力波时程关系。同时,本书选取与文献中一致的钻孔直径,分别为 110 mm 和 250 mm。如图 2.11 所示,将本书的解析解与文献的实验结果进行了对比,可以发现,本章结果与文献的试验结果接近,而且在较小的钻孔直径下具有更好的一致性。从图2.11中可以看出,传感器收到的峰值压力受钻孔直径影响,钻孔直径越大,峰值压力越小。岩石材料参数和电路参数与文献一致。

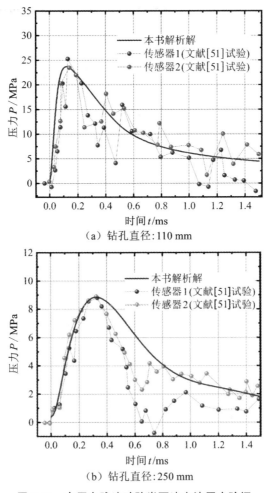

(a) 钻孔直径:110 mm

(b) 钻孔直径:250 mm

图 2.11　高压电脉冲破碎岩石冲击波压力验证

为了进一步揭示岩石高压电脉冲破碎机制,本节还验证了电脉冲作用下岩石材料的损伤区域分布和裂缝长度。通过解析方法,计算了裂缝的最终长度和破坏半径。为了分析岩石电脉冲破碎过程,建立了一个包括电路、冲击波压力和应力场的数值计算模型。就目前来看,关于同时考虑电路、冲击波压力和力学行为耦合的电脉冲作用下脆性岩体损伤区或裂缝长度的实验数据或解析模型还相对较少。因此,本章将构建的解析解和数值模型计算得到裂缝最终长度结果进行了比较,如图2.12所示。可以看出,解析解与数值模拟的裂缝最终长度吻合较好。此外,相较于电容 C,初始放电电压 U_0 对高压电脉冲破碎岩石裂缝长度影响较为明显,这表明增加放电装置的电压比增加其放电电容对提升电脉冲破岩效率更为显著。根据相关的实验文献[9],主裂缝数量取 $n=7$,用于验证模型的参数均取自表2.1。

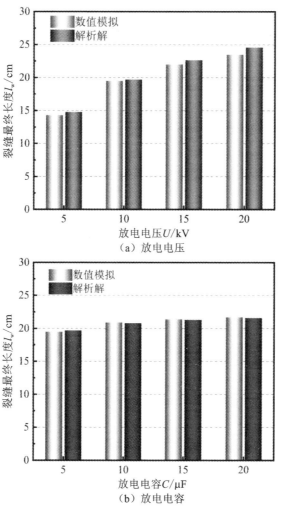

（a）放电电压

（b）放电电容

图 2.12　高压电脉冲破碎岩石冲击波压力验证

2.4　模型结果分析

2.4.1　高压电脉冲破岩过程分析

以表 2.1 为例,本节采用之前提出的解析解和数值模型研究了高压电脉冲作用下的岩石破碎过程。图 2.13(a)描述了高压电脉冲作用下电路中的电压-电流时程曲线。从图中可以看出,在 $0\sim40~\mu s$ 内,岩石还没有被击穿,等离子体通道还未形成,电能还未开始释放,因此电流和电压变化较小。在 $40\sim45~\mu s$ 内,可以发现电压急剧下降,电流急剧增加。随后,电流持续增长,在大约 $50~\mu s$ 时,电流达到峰值约为 1.2 kA。$50~\mu s$ 后,电流和电压持续下降,最终在约 $250~\mu s$ 时降至 0。图 2.13(b)给

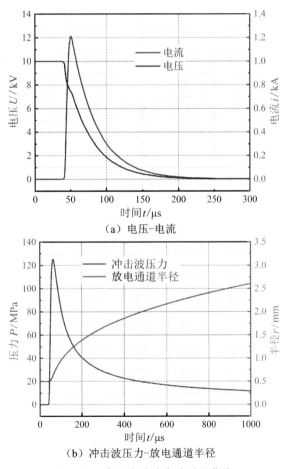

（a）电压-电流

（b）冲击波压力-放电通道半径

图 2.13　高压电脉冲电路时程曲线

出了冲击波压力-放电通道半径的时程曲线。在大约 40 μs 后,冲击波压力急剧增加,并在大约 70 μs 时达到峰值后开始逐渐下降。同时,在大约 40 μs 之后,等离子体通道开始扩张,扩张速率随时间发展逐渐减缓。可以发现,等离子体通道的半径在 1000 μs 内由 0.5 mm 扩张至 2.6 mm。可以看出,电流和冲击波压力有很强的相关性,这与以往研究结论相同[52]。

图 2.14 描述了岩石在高压电脉冲作用下的破坏和裂缝发展的演化规律。在 50 μs 左右,冲击波压力和电流达到峰值,但裂缝的平均长度为 0.6 cm。可以发现,在钻孔周围常出现致密裂缝,并有七条主裂缝向外拓展。以其中一条主裂缝为例,在 100 μs 时,主裂缝的发展长度约为 9.3 cm。随后,从图中可以明显地看到主裂缝仍持续增长。在 150 μs 时,该裂缝增长至 17.3 cm。最终,在大约 200 μs 时,该裂缝发展至 19.7 cm,裂缝停止拓展。根据之前的解析解可以发现,钻孔周围致密裂缝的形成是由于冲击波压力产生的剪切破坏作用。从图中可以发现,主裂缝的发展在时间尺度上明显大于致密剪切裂缝。事实上,主裂缝的发展并不完全受冲击波压力控制,也受封闭介质或爆生产物的准静态作用。这种准静态作用将对裂缝尖

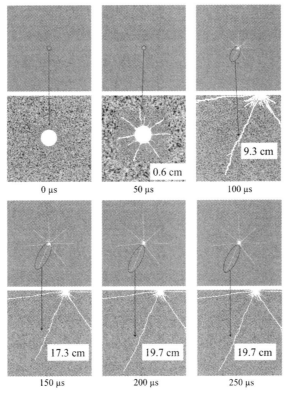

图 2.14 花岗岩在高压电脉冲作用下的破坏过程和裂缝随时间的发展规律

端持续加压,使裂缝继续向最佳起裂方向发展。最佳起裂方向由裂缝角度和裂缝尖端周围岩石抗拉强度控制。从图中还可以发现,主裂缝路径上还可能产生次级裂缝,但这种次级裂缝相较主裂缝通常更短。

　　为了进一步研究岩石在电脉冲作用下的损伤发展规律,图 2.15 监测了 $0\sim$ $250\ \mu s$ 新增损伤面积和总损伤面积的时程曲线。图中显示,损伤在大约 $40\ \mu s$ 时开始萌生,增长速度在大约 $75\ \mu s$ 时达到最大,约为 $33\ m^2/s$。随后,损伤面积的增长速率逐渐下降,在大约 $200\ \mu s$ 时下降为 0。从图中可以看出,总损伤面积在 $200\ \mu s$ 时达到了 $22.5\ cm^2$。根据总损伤面积 S_c、主裂缝的数量 φ 和裂缝长度 l_w 之间的关系,忽略钻孔周围的密集裂缝,可以估计出裂缝的宽度 d_{cr} 为:

$$d_{cr}=\frac{S_c}{l_w\varphi}\approx1.6\ mm \tag{2.34}$$

式中,d_{cr} 为裂缝的宽度;S_c 为总损伤面积;φ 为主裂缝数量。

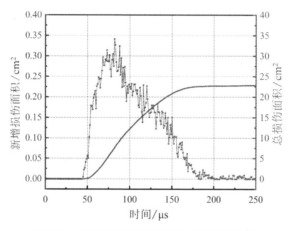

图 2.15　新增损伤面积和总损伤面积时程曲线

　　图 2.16 描述了高压电脉冲作用下不同时刻的花岗岩位移云图。岩石在电脉冲作用下的扰动呈圆形分布,且可以观察到 7 条主裂缝的发展。钻孔周围的围岩受到的扰动最为明显。大约 $200\ \mu s$ 后,云图显示,花岗岩的位移趋于稳定,冲击波对围岩扰动几乎消失。从位移云图中可以观察到位移扰动的扩散以及裂缝在围岩中的发展过程。

2.4.2　花岗岩异质性对岩石破碎的影响规律

　　对于岩石材料来说,破坏不仅是一种状态,也是一个从微观到宏观的跨尺度渐进式过程。花岗岩中矿物晶体和胶结物具有不同的力学特性,而初始缺陷的存在导致了岩石物理性能在空间上的显著异质性,岩石的异质性可能会影响其在高压

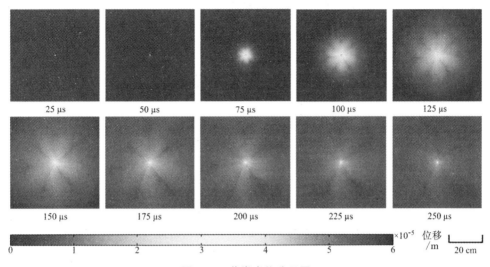

| 25 μs | 50 μs | 75 μs | 100 μs | 125 μs |

| 150 μs | 175 μs | 200 μs | 225 μs | 250 μs |

×10⁻⁵ 位移/m   20 cm

0   1   2   3   4   5   6

图 2.16　花岗岩位移云图

电脉冲下的破坏过程。因此,本节将评估花岗岩的异质性如何影响裂缝的发展。图 2.17 描述了不同异质性指数下(m 为 3、5、15)花岗岩的单轴抗拉强度分布。从云图中可以看到,随着 m 的增加,花岗岩材料的抗拉强度分布更加均匀。

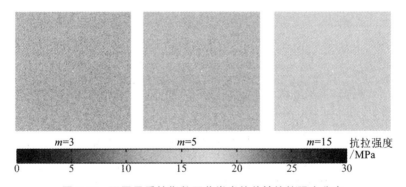

| $m=3$ | $m=5$ | $m=15$ |

抗拉强度/MPa

0   5   10   15   20   25   30

图 2.17　不同异质性指数下花岗岩的单轴抗拉强度分布

图 2.18 显示了在不同异质性条件下,花岗岩在高压电脉冲下的新增损伤面积和总损伤面积的发展规律。从图 2.18(a)中可以看出,异质性指数越小,损伤增长速率的波动越大。从图 2.18(b)来看,异质性对总损伤面积的影响较小。从图中可以发现,裂缝在 40 μs 左右开始萌生,约 200 μs 停止增长。新增损伤面积的峰值在 75 μs 时达到 0.30 cm²,总损伤面积在 200 μs 时达到峰值约为 22.5 cm²。图 2.19 描述了不同异质性条件下的裂缝扩展规律和位移云图,异质性可能会导致主裂缝的不均匀分布。对于 $m=3$,可以发现一条主裂缝的长度明显小于其他主裂缝。在不

同的异质性条件下,围岩位移分布几乎相同,但主裂缝的发展方向和主裂缝的长度
分布存在差异。从图中可以发现,异质性并不影响主裂缝的数量 φ,高压电脉冲作
用下花岗岩中产生的主裂缝 φ 数量为 6~7 条。

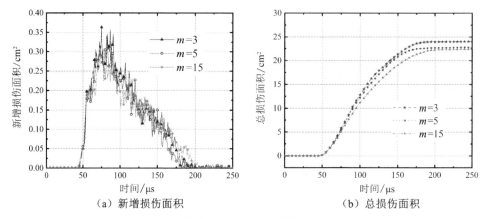

图 2.18   损伤面积的发展规律

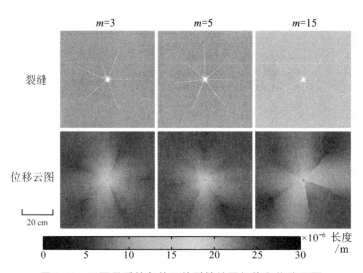

图 2.19   不同异质性条件下的裂缝扩展规律和位移云图

2.4.3   高压电脉冲破岩机理分析

研究通过联合电路、等离子体通道平衡理论、岩石爆炸及断裂力学理论和多阶
段分析方法来探究电脉冲作用下的岩石破坏过程,其中包括 RLC 等效电路模型、
等离子体通道冲击波模型和岩石的分区破坏模型。本书通过解析方法得出,高压

电脉冲几乎不会造成岩石的压缩破坏,这在以往的试验研究中也得到了证实[10,43,44]。同时,本书探讨了电脉冲下剪切破碎、拉伸裂隙区的理论分布。如图2.20(a)所示,本书提出的数值模型能反映出致密剪切破坏和径向主拉伸裂缝区的分布,表明本书数值模拟方法和理论方法可以共同反映岩石在高压电脉冲作用下的破碎过程。剪切破碎区由爆轰波引起,其主要特征是钻孔周围出现致密裂缝带。此外,本书还评估了高压电脉冲作用下主裂缝的最终长度。主裂缝受到电爆产物作用,这些产物(如高温等离子体)间接诱发了主裂缝的准静态发展。本书的数值计算方法也得到了类似的现象[图2.20(c)]。爆生产物填充钻孔和裂缝尖端,以准静态的作用形式继续驱动裂缝发展。随着主裂缝的发展,裂缝尖端的压力随时间不断衰减。当裂缝尖端的应力低于断裂韧度或起裂应力时,裂缝发展即会停止,这也代表岩石高压电脉冲破碎过程结束。

值得注意的是,本书的解析方法只能评估岩石破坏的最终形式。岩石在电脉冲作用下裂缝和损伤随时间的演化过程必须通过数值模拟方法得到。因此,本章建立了一个有限元模型来进一步探讨高压电脉冲作用下的岩石破坏机制。以花岗岩为例,考虑到岩石材料的空间异质性,本章模拟了花岗岩在高压电脉冲下的裂缝发展。与解析方法类似,在数值模型中,岩石材料的力学特性被考虑为弹脆性。本章提出的数值模型包括电脉冲放电电路、冲击波压力、应力场和损伤本构模型。图2.20(b)给出了花岗岩在高压电脉冲作用下的破坏过程,在电爆钻孔附近出现了致密剪切裂缝,在致密剪切裂缝区外侧进一步发展出七条较长的主裂缝。同时,可以注意到在主裂缝上出现了一些次级裂缝(图2.20(c))。然而,这样的现象很难在解析解中反映。

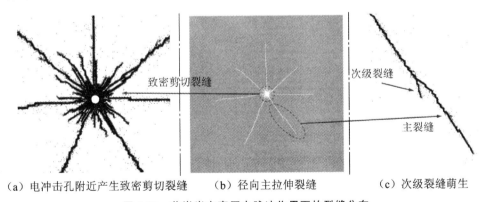

（a）电冲击孔附近产生致密剪切裂缝　　（b）径向主拉伸裂缝　　（c）次级裂缝萌生

图2.20　花岗岩在高压电脉冲作用下的裂缝分布

如图2.21所示,基于上述分析,本章构建了高压电脉冲作用下的岩石破碎过程概念图,将过程分为四个步骤。①在高压电脉冲初期,岩石还未被完全击穿,随着时间的推移,逐渐形成了一个电冲击钻孔[图 2.21(a)]。在岩石被完全击穿后,电流和冲击波在岩石内产生。②在剧烈的冲击波扰动下,钻孔附近形成了致密剪切裂缝,如图 2.21(b)所示。③高温气体、等离子体和等离子电火花等多种电爆产物可以有效提高电破碎的效率,并在岩石中产生 6~7 条较长的径向主拉伸裂缝,如图 2.21(c)所示。④一些次生裂缝在主裂缝上随机产生[图 2.21(d)]。这些电爆产物对裂缝发展的影响可以看作准静态作用,这种准静态作用对于岩石中的裂缝扩展尤为重要。因此,为了优化高压电脉冲的能量释放,增加放电时间以获得更多电爆产物可以提升岩石破碎效率。此外,选用合适的电爆承压介质也可以优化放电能量的释放。例如,与钻爆法类似,可以将水或流体等作为承压介质,以改善应力波分布和主裂缝的发展。

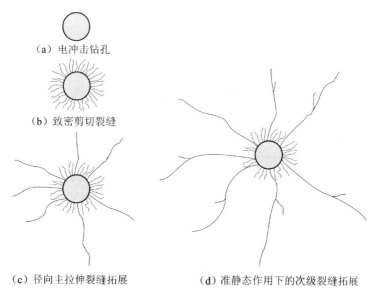

（a）电冲击钻孔

（b）致密剪切裂缝

（c）径向主拉伸裂缝拓展　　　　　（d）准静态作用下的次级裂缝拓展

图 2.21　高压电脉冲作用下的岩石破碎过程概念图

2.5　本 章 结 论

本章通过提出解析解和数值模型来研究受高压电脉冲作用下的岩石破坏过程及破碎机理。提出的解析方法包括 RLC 等效电路、等离子体通道能量平衡理论以及描述岩石破坏的分区破碎模型。为了进一步揭示岩石的破坏过程,以花岗岩为例,构建了一个电路-等离子体-应力相关联的岩石破碎数值模型来探究高压电脉冲作用下裂缝的萌生和发展过程,主要结论如下。

（1）将构建的解析方法和数值模型中的电路、冲击波压力及最终裂缝长度部分与以往的文献结果进行了对比,充分验证了本章方法的有效性和适用性。数值模型和解析解可以有效模拟花岗岩在高压电脉冲作用下的渐进式破坏过程,能够揭示电脉冲作用下的岩石破坏过程的机理,从而指导电脉冲破岩技术和预测岩石损伤演化规律。

(2)在本书计算参数下,以花岗岩为例,在受到放电装置 $U_0 = 10\ kV$、$C = 5\ \mu F$ 的电冲击时,花岗岩在放电后 $40\ \mu s$ 左右被击穿,电流约在 $50\ \mu s$ 达到峰值并迅速下降。随后,冲击波压力在大约 $70\ \mu s$ 时达到峰值 $128\ MPa$。花岗岩周围首先产生致密的剪切裂缝,径向主拉伸裂缝在 $200\ \mu s$ 左右发展到约 $20\ cm$。裂缝的宽度 d_{cr} 通过计算约为 $1.6\ mm$。

(3)相较于增加电容 C,增加放电装置的初始电压 U_0 对破损花岗岩的影响更为明显,花岗岩在电脉冲下的破坏以拉伸为主,受径向主拉伸应力和抗拉强度影响显著。

(4)岩石抗拉强度异质性的改变会影响主裂缝的发展和分布。然而,异质性对裂缝的增长速度、总裂缝面积和主裂缝的数量影响较小。高压电脉冲在花岗岩中产生的主裂缝数量为 $6 \sim 7$ 条。

3　高压电脉冲等离子体通道形成过程研究

结合第 2 章关于高压电脉冲破岩机理的研究,本章将专注于高压电脉冲电击穿过程中等离子体通道形成过程的研究。在第 2 章中,我们已经提出了高压电脉冲破碎岩石的全过程解析模型和数值模型,包括了电脉冲等效电路、等离子体通道力学模型以及岩石电破碎力学损伤过程三个关键部分的分析。在本章中,将进一步探索电脉冲作用下等离子体通道形成的物理过程。对于高压电脉冲破岩,高压电极和接地电极之间形成等离子体通道是岩石发生破坏的必要条件[35]。等离子体通道形成前,高压电脉冲能量主要用于形成电击穿。[53]如何理解高压电脉冲等离子体通道形成过程对研究高压电脉冲破岩机理至关重要。

相关研究发现,岩石发生电击穿的概率与电场强度存在一定联系:当电场强度小于临界场强时,电脉冲作用于岩石不会引发电击穿[54]。所以临界击穿场强在电击穿过程与等离子体通道形成存在一定的联系。本章通过构建岩石电击穿过程中等离子体通道演化模型,并将其与现有数值模拟及现场试验进行对比,验证本书模型的正确性。同时,对高压电脉冲作用过程通道形成过程进行分析,并进一步讨论相关影响因素。

3.1　等离子体通道演化模型

高压电脉冲电击穿过程中等离子体通道形成极其复杂,根据 Cho 等[55]的现场实验,可以得到电击穿过程电压和电流随时间变化的近似曲线,如图 3.1 所示。根据曲线变化,可将电脉冲破岩等离子体通道形成过程分为三个阶段,即预击穿阶段、击穿阶段和击穿完成阶段。第一阶段,称为预击穿阶段,电极终端电压开始急剧上升,达到最高点 U_p 并保持电压稳定。此时岩石并没有被击穿,仍然具有无穷大电阻特性。因此,根据基尔霍夫理论,连接岩石的电路呈现开路状态,高压电流无法通过岩石,电流 I 维持 0。第二阶段,称为击穿阶段。随着电脉冲持续加载,当岩石内部电场强度超过阈值场强时,部分岩石发生电击穿,此时等离子体通道逐渐形成,但并没有形成完整的等离子体通道。由于部分岩石发生电击穿,电学特性将发生从近似绝缘到导电的转变。此时电路将连接部分发生电击穿的岩石,所以在击穿阶段,电压 U 开始逐渐降低,电流 I 逐渐增大。第三阶段,称为击穿完成阶段,随着电流的持续加载,高压电极和接地电极之间会形成一条完整的等离子体通道。

电脉冲的能量将汇聚到等离子体通道,在此阶段,岩石内部通道之间的电阻接近0,击穿完成后部分产生等离子体通道的岩石可近似为导体。因此在第三阶段,岩石两端电压U迅速降低,直至最终趋于0,且电流I也逐渐趋于0。等离子体通道内的温度迅速升高并发生膨胀,产生应力,最终导致岩石破裂。需要注意的是,在等离子体通道形成前,电脉冲能量主要用于形成等离子体通道,所以在预击穿阶段和击穿阶段的温度与初始情况相比变化不大。因此,高压电脉冲破岩的关键在于电击穿过程中等离子体通道如何演化。为此,本章针对该内容进行研究。

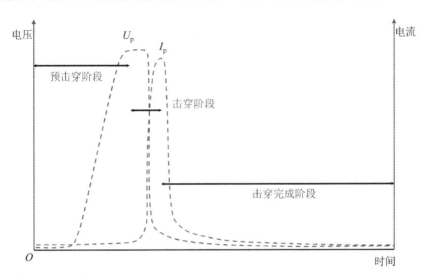

图3.1 电击穿过程中电流和电压随时间变化的近似曲线

3.1.1 通道电流模型

岩石基质在强电场作用下会转变为导电状态,发生电击穿产生放电通道。高压电极施加电压 φ,岩石内部电场将发生不均匀分布。根据静电场的基本方程,通过求解计算域内的泊松方程可以获得岩域内每一处的电势分布,静电场下泊松方程为:

$$\nabla(\varepsilon_r(x,t)\nabla\varphi(x,t))=\rho_d \tag{3.1}$$

式中,ε_r 为介质的相对介电常数;ρ_d 为电子密度,对花岗岩取0,因为介电材料(如花岗岩等绝缘体)含有很少的自由电子[56]。

泊松方程[式(3.1)]可以简化为拉普拉斯方程:

$$\nabla(\varepsilon_r(x,t)\nabla\varphi(x,t))=0 \tag{3.2}$$

根据式(3.2)电势分布,可以得到岩石内部电场强度 E:

$$E = -\nabla\varphi(x,t) \tag{3.3}$$

高压电脉冲作用下,岩石内部发生电击穿产生等离子体通道。在瞬态作用下,岩石内部的电流场受麦克斯韦第一方程控制。总电流密度由传导电流密度和位移电流密度组成,可表示为:

$$J = J_c + J_D \tag{3.4}$$

式中,J、J_c 和 J_D 分别为总电流密度、传导电流密度和位移电流密度。

其中,J_c 和 J_D 分别为:

$$J_c = \sigma_c E \tag{3.5}$$

$$J_D = \frac{\partial D}{\partial t} \tag{3.6}$$

式中,σ_c 为岩石的电导率;D 为电位移。

电位移 D 可写成:

$$D = \varepsilon_0 \varepsilon_r E \tag{3.7}$$

式中,ε_0 为真空介电常数。

当在岩石上施加高压电脉冲时,全电流密度和电子密度满足:

$$\nabla \cdot J = \frac{\partial \rho_d}{\partial t} \tag{3.8}$$

将式(3.3)和式(3.5)~式(3.8)带入式(3.4)可得:

$$\sigma_c \nabla^2 \varphi + \varepsilon_0 \varepsilon_r \nabla^2 \frac{\partial\varphi}{\partial t} + \frac{\partial \rho_d}{\partial t} = 0 \tag{3.9}$$

根据式(3.9)可以将电流场控制方程转化为由电势 φ 控制的方程,岩石电子密度一般取 0,式(3.9)进一步简化为:

$$\sigma_c \nabla^2 \varphi + \varepsilon_0 \varepsilon_r \nabla^2 \frac{\partial\varphi}{\partial t} = 0 \tag{3.10}$$

3.1.2 电导率变化模型

在电场作用下,岩石内部形成等离子体通道的能量主要包括静电能 W_j 和机电能 W_m[57]。其中,静电能 W_j 可表示为:

$$W_j = \frac{1}{2} D E \tag{3.11}$$

等离子体通道中机电能密度 W_m 可表示为:

$$W_m = \frac{1}{2} \sigma_m \gamma \tag{3.12}$$

式中,σ_m 为麦克斯韦应力;γ 为应变;可表示为:

$$\sigma_m = \varepsilon_0 \varepsilon_r E^2 / 2 \tag{3.13}$$

$$\gamma = \sigma_m / E_e \tag{3.14}$$

式中，E_e 为岩石的弹性模量。

因此，在高压电脉冲电场作用下，岩石内部形成等离子体通道所需的电场总能量密度 W 为：

$$W = W_j + W_m = \frac{1}{2} DE + \frac{1}{2} \sigma_m \gamma = \frac{1}{2} \varepsilon_0 \varepsilon_r E^2 + \frac{1}{8 E_e} (\varepsilon_0 \varepsilon_r E^2)^2 \tag{3.15}$$

在高压电脉冲作用下，等离子体通道的形成需要克服材料表面对应的自由能。同理，对岩石而言，也存在一个阈值能量密度，使岩石内部恰好产生等离子体通道。将此能量密度定义为临界电场能量密度 W_e，并将该条件下的电场强度定义为临界电场强度。所以，W_e 可表示为：

$$W_e = \frac{1}{2} \varepsilon_0 \varepsilon_r E_k^2 + \frac{1}{8 E_e} (\varepsilon_0 \varepsilon_r E_k^2)^2 \tag{3.16}$$

此时的电场强度为能发生局部电击穿的阈值击穿场强，则根据式(3.16)，可计算出临界电场强度 E_k 为：

$$E_k = \left[\frac{2}{\varepsilon_0 \varepsilon_r} (\sqrt{E_e^2 + 2 E_e W_e} - E_e) \right]^{\frac{1}{2}} \tag{3.17}$$

所以，根据临界击穿场强 E_k 的大小，可以判断出岩石内部是否会发生击穿。需要注意的是，此时的击穿只是部分岩石发生了电学性质的转变，并不是整块岩石都发生转变。当部分岩石发生击穿后，已击穿部分将继续延伸至下一击穿点，岩石内部完整等离子体通道才能形成。因此，Zhu 等[53]研究发现，当部分击穿点形成后，因为电导率增加，该击穿点周围电场强度将增大；在电脉冲持续作用下，下一击穿点也将形成，直至等离子体通道形成。

在该理论基础上，章志成[54]对黄砂岩进行高压电脉冲试验研究。结果发现，当电场强度小于 50 kV/cm 时，黄砂岩击穿概率为 0，岩石无法发生电击穿；当电场强度大于 150 kV/cm 时，此时黄砂岩击穿概率为 100%。试验结果说明电场强度影响岩石内部电击穿过程，同时也说明当岩石内部电场强度为 50～150 kV/cm 时，岩石同样也有发生部分电击穿的可能。

根据章志成[54]试验结果，将电场强度与击穿概率描述成图 3.2 所示的关系，即将黄砂岩在电场不同电场强度下的击穿概率分为三种情况：无电击穿，部分电击穿和完全电击穿。

图 3.2 中，E_m 和 E_n 分别为岩石的起始击穿场强和完全击穿场强，单位为 kV/cm。当电场强度超过 E_m 时，岩石开始发生电击穿，且电场强度增大，击穿概率越高；当电场强度达到 E_n 时，发生完全击穿。

岩石在高压电脉冲作用下，电场强度足够大，使介质内部固体颗粒产生电性变化，从而导致绝缘失效，发生电击穿，产生等离子体通道。所以，当岩石内部场强达

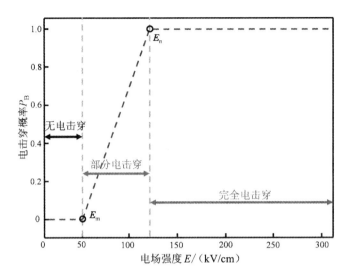

图 3.2　电场强度与击穿概率之间的关系

到 E_m 时,岩石开始发生局部击穿;当达到 E_n 时,代表通道已形成,该部分被完全击穿。如果只判断是否发生击穿,则可以简化为:

$$E > E_k \tag{3.18}$$

式中,E_k 为岩石的临界电场强度,是岩石的一种固有性质。根据岩石给出的基本参数,则该岩石的临界电场强度为常数[58]。所以,当电场强度超过临界电场强度时,岩石内部开始发生击穿。

这种电击穿造成的损伤类似于 Griffith 提出的固体材料断裂[59]。祝效华等[53]在模拟中发现,电击穿过程中岩石电学性质介于电阻与理想导体。当岩石内部的电场强度没有达到其内部的击穿强度时,视为电阻;当岩石内部生成等离子体通道时,视为导体。所以,在电脉冲破岩过程中,由电击穿对岩石带来的损伤可视为岩石岩域导电性能的改变[60,61],即电导率发生变化。这里指的是电导率增加,使电流载体得以在岩石内部进行传递,形成击穿的可能,同时击穿过程类似于电树枝[61]。

因此,电脉冲破岩过程中等离子体通道的形成关键在于电导率的确定。而影响电流传导关键因素也是电导率的大小。为此忽略其他参数在此过程中的变化,主要考虑电导率的状态变化。岩石的初始电导率根据材料自身参数确定,取为 4×10^{-5} S/m。高压电脉冲开始作用时,靠近电极附近的岩石状态开始发生变化。基于 Zhu 等[11,12]的研究,当岩石部分区域场强达到完全击穿场强时,该部分岩石的电学性质从电阻开始转为导体,导体电导率一般可达 10^6 S/m。结合章志成试验结果以及理论分析,本书将电击穿过程岩石电导率的变化过程描述为:

$$\begin{cases} e_{\text{c}}, & E < E_{\text{c}} \\ (E - E_{\text{c}})(e_{\text{s}} - e_{\text{c}})/(E_{\text{s}} - E_{\text{c}}) + e_{\text{c}}, & E_{\text{c}} \leqslant E \leqslant E_{\text{s}} \\ e_{\text{s}}, & E > E_{\text{s}} \end{cases} \tag{3.19}$$

式中,E_{c} 和 E_{s} 分别为岩石的起始击穿场强和完全击穿场强,单位为 kV/cm。当岩石内部场强达到 E_{c} 时,岩石开始发生状态变化,电导率开始增加;当达到 E_{s} 时,表示电击穿已形成;e_{c} 和 e_{s} 分别为岩石的初始电导率和完全击穿后的电导率。

电击穿过程借鉴固体损伤理论[59],如图 3.3 所示。本书定义一个电损伤变量 χ。当岩石内部没有电脉冲作用或电场强度未达到击穿场强 E_{c} 时,此时岩石未发生电击穿,χ 为 0;当电场强度超过阈值 E_{c} 时,此时发生电损伤破坏,χ 大于 0;待电场强度超过完全击穿场强 E_{s} 时,该部分岩石电学性质已完全转化为导体,此时 χ 为 1。需要注意的是,χ 大于 0 时,此时已具备产生等离子体通道特性。

因此,可将高压电脉冲破岩电击穿过程等离子体通道电损伤演化规律 χ 描述为:

$$\chi = \begin{cases} 0, & E < E_{\text{c}} \\ \dfrac{|(E - E_{\text{c}})|}{E_{\text{s}} - E_{\text{c}}}, & E_{\text{c}} \leqslant E \leqslant E_{\text{s}} \\ 1, & E > E_{\text{s}} \end{cases} \tag{3.20}$$

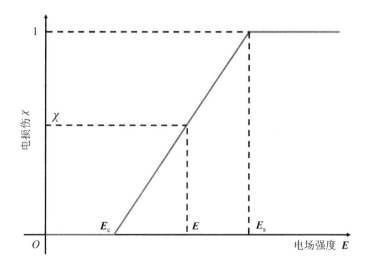

图 3.3　电场强度 E 与电损伤 χ 之间的对应关系

3.1.3 通道能量模型

3.1.1 节和 3.1.2 节通过临界击穿场强描述等离子体通道演化过程。除此之外，本章还通过能量法分析通道形成过程。

如图 3.4 所示，考虑岩体介质弹性区域 Ω，通过导电电极施加电压 φ，岩体内部电场发生不均匀分布。假设存在一个天然裂缝 l 用于插入高压电极。岩体边界满足迪利克雷和诺伊曼条件。岩体在高压电脉冲作用下，由于电场强度足够大，岩体内部导电性将发生变化，从而导致绝缘失效，发生电击穿，产生等离子体通道。

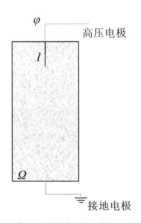

图 3.4 高压电脉冲作用岩石示意图

随着电脉冲的持续作用，能量将随着该通道继续传递，并作用于岩体颗粒，造成通道外的损伤，产生裂纹。这种电击穿造成的损伤，与 Griffith 提出的固体材料断裂现象一致[59]。电脉冲作用下形成击穿通道所需的能量与通道的面积成正比。通道发展规律与后续裂缝发展有关，因此用能量法来描述岩体在高压电脉冲作用下的击穿过程可以通过引入标量场 $\phi(x,t)$ 来表示：

$$\begin{cases} \phi(x,t)=0, & \text{岩体未击穿} \\ 0<\phi(x,t)<1, & \text{岩体发生部分击穿} \\ \phi(x,t)=1, & \text{岩体完全击穿} \end{cases} \tag{3.21}$$

在整个击穿过程中，可以注意到，电极电压引起的电击穿相当于弹性固体中的断裂；外加电压产生的电场相当于弹性固体周围施加的外部荷载。根据饶平平等[62]的模拟结果，在电脉冲破岩过程中，等离子体通道形成前，温度基本保持不变，电脉冲能量主要用来形成等离子体通道。对于等离子体通道的拓展，本书不考虑岩体内部流体的作用,且电极电压为准静态加载,初始应力场为 0。故岩体在高压电脉冲过程中形成等离子体通道的总能量泛函 M 可表示为:

$$M(\boldsymbol{u},\phi,\Omega)=\int_\Omega [f_1(\phi(x))+f_2(\phi(x))+f_3(x)]\mathrm{d}\Omega \qquad (3.22)$$

式中,f_1 为击穿能密度;f_2 为梯度能密度;f_3 为电场能密度;这三项都是关于相场变量 ϕ 的变量。击穿能密度通常可用双井势函数来表示:

$$f_1(\phi(x))=a\phi^2(1-\phi)^2 \qquad (3.23)$$

式中,a 为梯度能量系数。

梯度能密度 f_2 可表示为:

$$f_2=-\frac{1}{2}\gamma\,|\nabla\phi(x)|^2 \qquad (3.24)$$

电场能密度 f_3 可表示为:

$$f_3=\frac{1}{2}\varepsilon_0'\varepsilon_r'\boldsymbol{E}_i^2(x) \qquad (3.25)$$

式中,$\boldsymbol{E}_i(x)$ 为不同位置时的电场强度;ε_0' 为岩体未击穿时相对介电常数;ε_r' 为岩体内部相对介电常数。

当高压电脉冲能量足够大时,岩石能产生等离子体通道主要体现介电性能的改变。此时岩体部分区域丧失了绝缘性能,产生导电性。为此,将岩体介电常数写成与相场变量 ϕ 相关的函数:

$$\varepsilon(\phi)=\frac{\varepsilon_0'}{f(\phi)+k} \qquad (3.26)$$

式中,$f(\phi)=4\phi^3-3\phi^4$;$f(\phi)$ 满足 $f(0)=0,f(1)=1,f'(1)=0$;为防止 $\phi=1$ 时数值奇异性造成无解,将 k 取为 10^{-9}。

根据式(3.23)~式(3.26),式(3.22)可以表示为:

$$M(\boldsymbol{u},\phi,\Omega)=\int_\Omega \frac{1}{2}\frac{\left[a\phi^2(1-\phi)^2-\frac{1}{2}\gamma\,|\nabla\phi(x)|^2+\varepsilon_0^2\right]}{(4\phi^3-3\phi^4)+k}\nabla\varphi^2(x,t)\mathrm{d}\Omega \qquad (3.27)$$

根据变分法,等离子体通道开始发展的时间是一个使 M 能量最小化的过程。因此,当式(3.27)能量泛函 M 的一阶变分等于 0 时,则可以得到等离子体通道形成过程的控制方程:

$$\frac{\partial\phi}{\partial t}-\frac{f'(\phi)}{2[f(\phi)+k]^2}\frac{\partial^2\varphi}{\partial x^2}+f'(\phi)+\frac{1}{2}\frac{\partial^2\phi}{\partial x^2}=0 \qquad (3.28)$$

3.2 高压电脉冲等离子体通道数值模型构建

3.2.1 基本假设

（1）假设电极从岩体顶端嵌入。单电极时,电极为输入端,岩体底端为接地端;双电极时,电极分别为高压电脉冲输入端和接地端。

（2）假设岩体为连续均质的各向同性材料,电击穿过程中岩石电导率满足同一变化规律。

3.2.2 几何模型

为与实际情况相符合,本书参考 Timoshkin 等人[63]设计电极钻头的结构。"电极对"是电极钻头的基本破岩单元,大部分由一对或多对电极组成,多为平行放置。由于电脉冲破岩过程中通道在高压电极与接地电极之间产生,因此可以将电脉冲破岩的三维问题进行简化,并从电极处进行剖分,这样可以更好观察岩石内部通道拓展情况。为此,本书分别建立单电极和双电极两种高压电脉冲二维模型。其中,单电极设计:宽 W_1 为 10 mm,高 H_1 为 30 mm。双电极设计:宽 W_2 为 50 mm,高 H_2 为 30 mm,电极间距 L 为 25 mm,如图 3.5 所示。

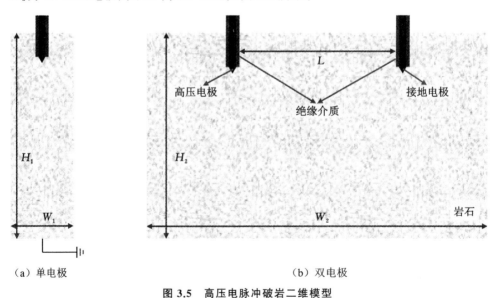

（a）单电极 （b）双电极

图 3.5 高压电脉冲破岩二维模型

单电极模型将岩石上端设为高压电极,岩石下端为接地端。双电极模型中高压电极和接地电极平行放置,位于岩石的同一侧。假定电极材料是理想导体,电极外部为绝缘材料。本章只考虑在电场作用下岩石内部等离子体通道的形成过程,为此,模型基本参数如表 3.1 所示[11,54],值得注意的是,绝缘材料的击穿强度必须大于岩石的击穿强度,以避免在岩石外部发生击穿。

表 3.1　模型基本参数

材料	电导率 /(S/m)	相对介电常数	密度 /(kg/m³)	临界击穿场强 /(kV/cm)
岩石	4×10^{-5}	4	2630	50
电极	5.7×10^{7}	13.0	8960	—
绝缘介质	0	4	1150	—

　　一些研究采用 Marx 发生器对岩石进行高压电极的电压的输入,其中涉及电容、电感、电阻等参数的变化。但在本书中,考虑的重点是等离子体通道的发生过程。所以,本书不考虑电压的来源方式。参考 Zhu 等人[11]脉冲电压的选取方式,将本书高压电脉冲电压波形设为图 3.6 所示,高压电极端输入高压电脉冲。U_0 为脉冲电压的峰值,t_0 为电极电压到达峰值的脉冲上升时间。通过控制脉冲上升时间 t_0 和峰值电压 U_0 设置不同脉冲电压波形,模拟高压电脉冲破岩过程中等离子体通道形成过程,同时进行相关影响因素分析。

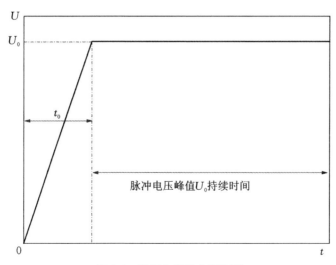

图 3.6　高压电脉冲电压波形

　　为提高计算收敛性和模型结果的正确性,本模型各域均采用非结构化三角形网格对其进行空间离散化,网格最小单元质量 0.4143,平均网格质量 0.9441,接近于 1。本书研究中使用的求解器类型是隐式求解器。有限元 COMSOL Multiphysics 软件中有两种主要的隐式求解器方法,即后向差分公式(BDF)和广义 α。BDF 通常比广义 α 更稳定,而且还能考虑阻尼的情况,因此 BDF 更适合本书多物理场条件下的求解。模型预设的初始时间步长 $\Delta t = 10^{-9}$ ns,公差为 0.01,用于控制相对误差,以保证数值收敛性和稳定性。具体来说,在每个时间步长中,都要进行多次迭代,直到相对误差小于公差,然后才能进入下一步骤,求解器也开始进入下一个时间步长。如果公差标准不能满足,求解器将自动减少一半时间步骤并再次进行计算,直到达到收敛。

3.2.3　模型验证

本章内容主要针对岩石内部等离子体通道形成过程进行分析,根据上述内容分析可知,电场强度在整个过程中起着关键作用。为此,本书针对电场强度大小和最终形成等离子体通道路径进行验证。

1. 岩石内部场强的验证

在高压电脉冲作用下,岩石内部电场强度大小决定岩石是否发生局部电击穿。所以,等离子体通道的形成与岩石内部电场强度有很大关系。Li 等[5]研究了不同电极间距下,花岗岩表面最大电场强度的变化。为此,本书保持电极输出电压 50 kV;花岗岩相对介电常数按照 Li 模型中进行均值处理,取为 7.23。将高压电极与接地电极之间间距设置为 16.5～33 mm,步长为 1.5 mm。图 3.7 为岩石内部最大电场强度随电极间距变化关系。可以发现,最大电场强度随着电极间距减小而增大。与 Li 等人[5]的研究结果基本一致,证明本书模型在电脉冲作用下电场强度分布的正确性,造成微小误差的原因与岩石组分以及几何模型设置有关,但不影响整体电场变化趋势。

2. 等离子体通道路径验证

Liu 等[64]做了关于高压电脉冲破岩的试验。将本书模型参数与 Liu 等保持一致,图 3.8(a)、(b) 分别为岩石在试验过程中产生的等离子体通道路径与本书模型产生等离子体通道路径。由图 3.8(a) 可以发现,靠近电极处,颜色有明显的变化,这是因为等离子体通道形成后,电脉冲能量将持续注入,对电极附件岩石造成局部热损伤。通过对比发现,本书模型产生的等离子体通道与试验结果产生的通道具有很好的一致性,这也证明本书模型模拟等离子体通道形成过程的正确性。

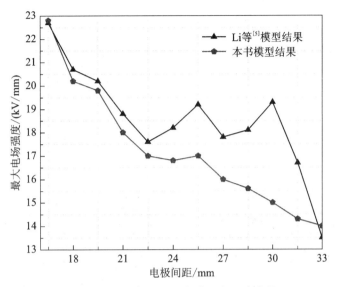

图 3.7 岩石最大电场强度与电极间距变化关系

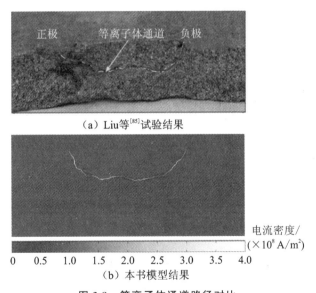

（a）Liu等[85]试验结果

（b）本书模型结果

图 3.8 等离子体通道路径对比

3.2.4 结果与讨论

图 3.9 显示的是在脉冲上升时间为 200 ns、电极电压峰值为 32 kV 条件下，岩石内部等离子体通道形成过程的电流密度分布。

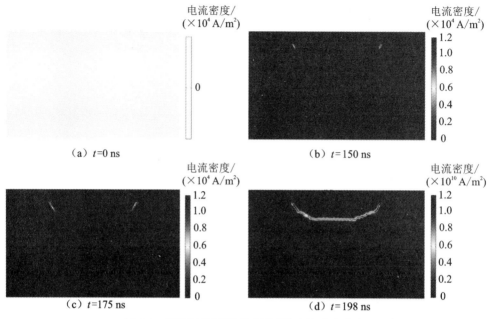

图 3.9 等离子体通道形成过程的电流密度分布

根据模拟结果可将高压电脉冲破岩过程等离子体通道形成大致分为三个阶段,分别为等离子体通道初始阶段、等离子体通道拓展阶段和等离子体通道形成阶段。①等离子体通道初始阶段。当高压电脉冲开始作用时,由于电压在岩石内部产生的电场强度还未达到其击穿场强,电极附近无等离子体通道产生。②等离子体通道拓展阶段。当电极电压继续增大,脉冲时间为 150 ns 时,靠近电极处的场强进一步增大,超过临界击穿场强,在电极附近可以看到初始等离子体通道开始形成。脉冲时间为 175 ns 时,等离子体通道进一步拓展,通道加长。③等离子体通道形成阶段。脉冲时间为 198 ns 时,此时岩石在电脉冲的作用下,通道周围电场强度进一步增大,通道迅速形成,完整等离子体通道形成,随后高压电脉冲通过此通道路径进行脉冲电流传输。

此外,从结果可以发现,岩石内部被击穿区域会出现电流密度增大的现象。当 t 为 150 ns 时,电极附近等离子体通道处电流密度为 10^4 A/m²;当 t 为 198 ns 时,电流密度为 10^{10} A/m²。而其他未被击穿区域,根据模拟结果,电流密度非常小,与通道处电流密度相比,甚至可以忽略。待通道形成后,继续增大电极电压,电流密度将不会发生显著变化,与 198 ns 时基本一致,这说明在等离子体通道完全形成后岩石内部的电流密度已达到最大值。模型结果对高压电脉冲作用下通道形成过程进行了详细阐述,在此基础上,本书将进行相关影响因素分析。

3.3 影响因素分析

3.3.1 脉冲波形对等离子体通道形成影响

本书高压电脉冲波形主要由电极电压 U_0 和脉冲上升时间 t_0 控制,因此,分别对 U_0 和 t_0 展开分析。电极电压 U_0 影响电场强度分布,进而对等离子体通道形成过程造成影响。当在岩石上施加一个脉冲上升时间为 200 ns 的脉冲电压时,图 3.10 显示了不同电极电压峰值下最大电流密度的变化,其中①、②、③、④为电极电压峰值分别取 26 kV、28 kV、30 kV、32 kV 时电损伤云图。当电极电压峰值分别为 26 kV、28 kV 和 30 kV 时,电极附近会形成微弱的等离子体通道,最大电流密度强度较小,约为 2400 A/m²,且电极之间没有形成贯通的等离子体通道。当电极电压为 32 kV 时,岩石内部形成完整等离子体通道。观察电流密度可以发现,部分击穿和完全击穿的电流密度差别很大。根据式(3.1)~式(3.10)可知,这主要是因为在电击穿区域等离子体通道的电导率增加,电流密度强度也会增加。因此,可以通过观察电流密度来判断岩石内部是否发生部分电击穿和完全电击穿。

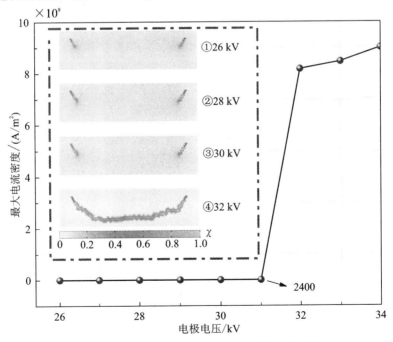

图 3.10 不同电极电压峰值下最大电流密度变化

此外,脉冲上升时间 t_0 对等离子体通道形成也会造成影响。图 3.11 为脉冲上升时间为 150~400 ns,且间距为 50 ns 的等离子体通道形成分布云图。在保持峰值电压不变的条件下,不同脉冲上升时间将会影响等离子体通道形状。在脉冲上升时间小于等于 250 ns 时,在电脉冲作用下岩石均发生完全击穿,并产生完整等离子体通道。当脉冲时间继续增大时,如图 3.11(d)、(e)和(f)所示,只有靠近电极处微弱等离子体通道产生,岩石内部无法产生完整的等离子体通道。这主要是因为脉冲上升时间越短,电极附近发生电击穿的速度加快,且时间越短,代表固体材料杂质对击穿的影响越小。所以,在实际工程应用中,应适当控制高压电脉冲的脉冲时间以达到高效破岩。

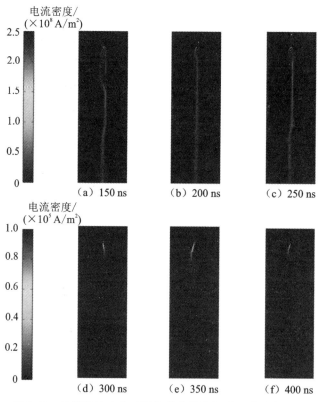

图 3.11　不同脉冲上升时间的等离子体通道形成分布云图

由相关试验得到的黄砂岩击穿规律和电场强度的关系可知,对于岩石,要使其发生固体击穿,岩石内部的电场强度须达到其临界电场强度[54]。将电极电压上升时间设为 200 ns,电极间距为 25 mm,脉冲上升时间相同,分析击穿场强和电极电压之间的关系。将岩石的击穿场强 E_c 设置为 50~160 kV/cm,步长为 10,模拟生成等离子体通道的最小击穿电压。在电击穿过程中,将生成一条主等离子体通道时的电压视为最小击穿电压,则击穿场强和最小击穿电压的关系如表 3.2 所示。

从结果中可以发现,击穿场强和最小击穿电压之间呈正相关,当临界击穿场强增大一倍时,形成等离子体通道所施加的最小击穿电压也需要增大一倍才能发生完全电击穿。这是因为每种岩石材料的击穿场强是一定的,即最小击穿电压也是一定的,只要作用在岩石上的电压产生的电场未到达其击穿场强,岩石都不会发生击穿。因此,对于不同的岩石,大于或等于其最小击穿电压才能达到击穿效果。在实际工程应用中,要适当控制发生器产生的电压或电流波形,使其在岩体内产生的电场强度达到临界击穿场强,从而产生等离子体通道,提升破岩效率。

表 3.2 击穿场强和最小击穿电压的关系

击穿场强/(kV/cm)	最小击穿电压/kV	击穿场强/(kV/cm)	最小击穿电压/kV
50	27.8	110	58.3
60	33.1	120	63.6
70	36.8	130	68.9
80	43.2	140	74.2
90	47.7	150	83.4
100	54.2	160	86.4

3.3.2 电极间距对等离子体通道形成影响

为体现电极间距对等离子体通道形成影响,选取双电极模型对该部分进行研究[双电极模型见图 3.5(b)]。现保持模型脉冲电压峰值为 28 kV,脉冲上升时间为 200 ns。改变电极间距,使其电极间距为 5～30 mm,间距步长为 5 mm。图 3.12 为 6 种不同间距下等离子体通道电流密度分布情况。

从图 3.12 可以发现,当间距为 5 mm 和 10 mm 时,等离子体通道向外拓展的范围很小,向下击穿深度也仅仅为岩石宽度的 1/5 左右。当电极间距为 15 mm 时,此时的击穿效果相比于 5 mm 和 10 mm 间距更符合实际工程要求,有更大范围的击穿效果,且击穿深度接近岩石宽度的 1/3,对后续破岩更有利。当电极间距继续增大到 20 mm 以上时,由图 3.12(a)～(c)可以发现,等离子体通道无法形成,此时需要更大的电极电压才能使其发生击穿。此外,根据图 3.12(f),当电极间距为 5 mm 时,虽然形成的等离子体通道更多、电流密度强度越大,但电极间距设置过小,对岩石的破坏范围也会变小。所以,在工程应用中,应适当控制电极间距使其达到岩石长度的 1/3～1/2,使破岩效率达到最大。

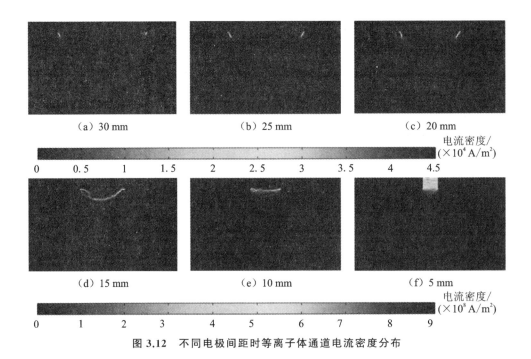

(a) 30 mm　　　　　(b) 25 mm　　　　　(c) 20 mm

电流密度/
$(\times 10^4 \text{ A/m}^2)$

0　0.5　1　1.5　2　2.5　3　3.5　4　4.5

(d) 15 mm　　　　　(e) 10 mm　　　　　(f) 5 mm

电流密度/
$(\times 10^8 \text{ A/m}^2)$

0　1　2　3　4　5　6　7　8　9

图 3.12　不同电极间距时等离子体通道电流密度分布

图 3.13 为岩石内部最大电流密度随电极间距的变化关系。结果显示,电极间

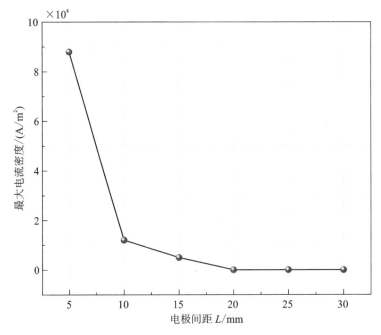

图 3.13　最大电流密度随电极间距的变化

距越小,岩石内部最大电流密度强度越大,电极之间更容易形成等离子体通道,对后续岩石的破坏作用更大。

3.3.3 矿物颗粒对等离子体通道形成影响

岩体内部可能存在多种物质,孔隙、流体或矿物颗粒等,这些不同物质对电击穿过程的影响主要源于各自的电导率不同。Li 等[36]通过数值模拟发现黄铁矿在岩体内部会起到一个引导电流击穿的效果。为此,为进一步了解矿物颗粒在岩体内部对电击穿的影响,假定岩体内存在矿物颗粒(以下简称颗粒)。矿物通常含有金属成分,具有高导电性。假设存在一个二维长方形岩域,在岩体内部嵌入矿物颗粒,用于考虑岩体颗粒异质性对电脉冲破岩过程中等离子体通道形成的影响。为进一步观察等离子体通道在颗粒之间形成过程,将颗粒设置为互不接触,且颗粒分布是随机的。颗粒种类被设置成两种,属于两个系统的颗粒组,由椭圆和圆构成。为简便计算工作量,将颗粒参数设为一致(这里主要指电导率参数)。颗粒分布参考 Renshaw[65]的定义,颗粒分布系数 δ 满足:

$$\delta = \frac{1}{A}\sum_{i=1}^{n}\left[\frac{2\pi b_i + 4(a_i - b_i)}{2}\right] + \frac{1}{A}\sum_{j=1}^{m}\left(\frac{2\pi a_j}{2}\right) \qquad (3.29)$$

式中,n 和 m 分别为椭圆颗粒和圆颗粒的数量;A 为岩域的面积;a_i、b_i 和 a_j 分别为椭圆颗粒的长半轴长、短半轴长和圆颗粒的半径,均为可变量;δ 为颗粒密度分布。

图 3.14 描述了岩石中三种不同密度颗粒分布情况,这三种不同密度的分布均由两种颗粒构成,包括 45 个长轴和短轴分别为 1.5 mm 和 1 mm 的椭圆颗粒以及 15 个半径为 1 mm 的圆颗粒。椭圆颗粒和圆颗粒都是高导电率的导体颗粒且随机分布。在保持颗粒数量一致的条件下,图 3.14(a)颗粒半径最大,图 3.14(b)、(c)颗粒半径依次减半,颗粒密度分布系数分别为 0.16、0.08、0.04。

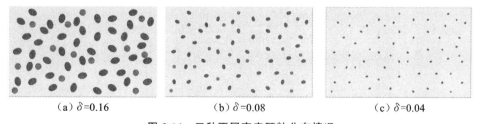

(a) δ=0.16   (b) δ=0.08   (c) δ=0.04

图 3.14　三种不同密度颗粒分布情况

在电极电压保持在 28 kV,脉冲上升时间为 200 ns 条件下,图 3.15 为三种不同颗粒分布情况下等离子体通道的轨迹。结果表明,颗粒密度分布会对等离子体通道的形成轨迹造成很大影响。这主要是由于矿物颗粒具有很强导电性,从而导致颗粒周围的电场强度增大,引导电流发生击穿。因此,矿物颗粒存在更容易产生等离子体通道,这与 Li 等人研究结果一致[36]。此外,从图 3.15(a)电流密度分布与图 3.15(b)、(c)相比可以发现,δ 为 0.16 时,形成等离子体通道的电流密度更大。所以颗粒密度越大,引导电流能力越强,颗粒附近的电场强度越高,更有利于岩石发生电击穿产生等离子体通道。

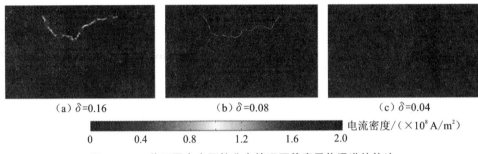

(a) $\delta=0.16$ (b) $\delta=0.08$ (c) $\delta=0.04$

电流密度/($\times10^8$ A/m^2)

0   0.4   0.8   1.2   1.6   2.0

图 3.15 三种不同密度颗粒分布情况下等离子体通道的轨迹

图 3.16 为三种不同密度颗粒分布条件下岩石内部电损伤面积 S 的变化曲线。从结果可以发现,颗粒密度越大,电损伤开始的时间越早,电损伤面积越大。因此,在实际工程应用中,可以利用岩石内部的孔隙,向岩石内部填充导电率比岩石大的液体(比如水),然后进行高压电脉冲破岩,这样可以更有效地提高破岩效率。

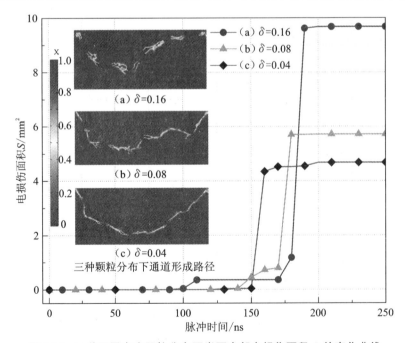

图 3.16 三种不同密度颗粒分布下岩石内部电损伤面积 S 的变化曲线

　　由岩石在电脉冲作用下等离子体通道的形成过程可知,通道总是通过导体颗粒进行传输。这与颗粒电导率有一定的关系。为此,取图 3.14(a) 颗粒分布进行不同电导率 σ_k 模拟分析。图 3.17 为不同电导率颗粒下等离子体通道形成情况。由模拟结果可知,颗粒电导率不同,对等离子体通道形成也有很大的影响。当颗粒电导率很大时,从图 3.17(a)、(b) 显示等离子体通道几乎沿着导体颗粒方向进行拓展,甚至可能形成多条等离子体通道。当导体颗粒的电导率取 10 S/m 时,此时的等离子体通道并没有严格地沿着导体颗粒进行传递,且通道的电流密度相对于图 3.17(a)、(b) 小一些。当颗粒电导率为 10^{-3} S/m 时,该条件下电流密度很小,无法观察到明显通道分布。因此,导体颗粒对形成等离子体通道具有一定的引导作用,在一定程度上决定后续岩石破裂的路径。所以,对于金属矿物回收工程领域,采用高压电脉冲破岩技术能更好地满足技术要求。

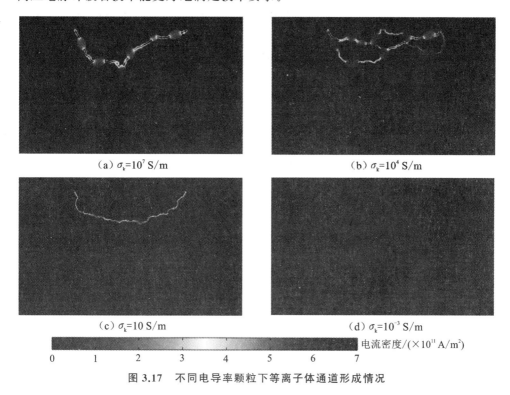

(a) $\sigma_k = 10^7$ S/m　　　　　　　　　　　(b) $\sigma_k = 10^4$ S/m

(c) $\sigma_k = 10$ S/m　　　　　　　　　　　(d) $\sigma_k = 10^{-3}$ S/m

电流密度/($\times 10^{11}$ A/m^2)

0　　1　　2　　3　　4　　5　　6　　7

图 3.17　不同电导率颗粒下等离子体通道形成情况

3.4　本章结论

　　本章通过麦克斯韦第一方程得到在电流场作用下岩石内部场强分布,基于临界击穿场强建立高压电脉冲作用下电导率变化模型,并通过电损伤函数 χ 定义等离子体通道演化过程。通过建立有限元模型对高压电脉冲作用下岩石电学分布特性进行求解,主要结论如下。

(1) 高压电脉冲作用下,岩石内部被击穿区域电流密度会突然增大,待通道完全形成后继续增大电极电压,电流密度基本不发生变化。高压电脉冲上升时间 t_0 越短,电极附近电场强度增大速率越快,越容易发生电击穿。此外,形成等离子体通道所需的最小电极电压和临界击穿场强之间呈正相关。

(2) 双电极作用下,当保持高压电脉冲波形一定时,电极间距越小,岩石内部最大电流密度越大,电极之间更容易形成等离子体通道。在实际工程应用中,电极间距设置过小将导致对岩石的破坏范围也会变小。根据模拟结果,应适当控制电极间距使其达到岩石长度的 $1/3 \sim 1/2$,以达到更好的破岩效果。

(3) 矿物颗粒会引导岩石内部产生等离子体通道,且颗粒半径越大,越有利于等离子体通道的形成。在实际工程应用中,可以利用岩石内部孔隙,填充导电率比岩石大的液体,比如水,再进行高压电脉冲破岩,这样可以更有效地促进破岩过程等离子体通道形成,提高破岩效率。

4 水下高压电脉冲放电机理 与能量转换效率研究

在实际工程中煤岩体破碎技术的能量转换效率是评价破岩效率的重要指标之一,但现阶段对其研究还不够完善,同时,目前关于水中高压电脉冲放电冲击波能量转化效率的研究大都通过试验逆向推算而得,但不同试验条件和材料会有较大的差异,难以为相关工程应用提供理论指导。建立电气参数、力学参数与能量转换效率之间的关系,在电源设计和破岩效果优化中具有重要的研究价值。

水下高压电脉冲放电破岩有两个特点:①电极和岩石都处于液体环境,可以通过调整高压电脉冲、电极类型等参数,形成等离子体通道;②由于外界电能的快速注入,等离子体通道内的温度和压力急剧上升,通道迅速膨胀,向外辐射冲击波,在极短的时间内产生强烈的机械应力,作用在岩石上使岩石产生裂纹[66]。

因此,本章基于气泡击穿理论,对水下高压电脉冲放电过程进行研究,分析电击穿和等离子体通道形成的微观机理,揭示水下高压电脉冲放电产生冲击波的过程。基于基尔霍夫定律、等离子通道平衡理论以及等离子通道动力学方程,结合冲击波破岩过程中的能量转化特性,构建能量转换效率数学模型,分析击穿电压、电容量、回路电感三个因素对能量转换效率的影响。研究为水下高压电脉冲放电冲击波破岩能量转换效率提供理论指导,并可在实际工程应用中实现经济效益最大化。

4.1 水下高压电脉冲放电冲击波形成机理

水下高压电脉冲放电过程主要为两个阶段。第一阶段为水下电极气层击穿,第二个阶段是水下电弧通道放电。水下电极气层击穿是指在放电电极之间形成一条击穿通道(等离子体通道),是水下高压电脉冲放电产生冲击波的前提。目前对于液体介质的击穿理论主要有气泡理论和电子倍增理论两种,研究发现,等离子体通道形成与气泡理论更吻合[67],该击穿通道形成原理如图4.1所示。当放电电极开始导电时,焦耳加热效应使得电极周围的水蒸发,形成微气泡[68,69]。气泡内的气体空间为电子提供了较大的自由程,电子在较大的场强作用下积累能量,从而发生碰撞,形成电子雪崩[70],最终在气泡内形成流柱。微气泡经过不断发展,尺寸逐渐增大,气泡内部的流柱连接放电电极,从而发生电击穿,导通回路,产生圆柱形的击穿通道。

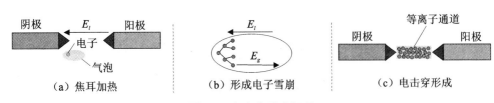

图 4.1　电击穿形成机理

焦耳加热使水蒸发形成一个微气泡所需的能量 Q_b 为[71]：

$$Q_b = \frac{V_b}{1700} \rho (c \Delta T + C_L) \tag{4.1}$$

式中，V_b 为气泡体积；ρ 为水的密度，取 $\rho = 1000 \ kg/m^3$；ΔT 为温度变化；c 是水的比热容；C_L 为水的汽化潜能。

微气泡的加热功率与气泡体积关系为：

$$P_b = V_b \sigma E_t^2 \tag{4.2}$$

式中，σ 为水的导电率；E_t 为电场强度。

故而，形成一个半径为 $100 \ \mu m$ 的微气泡所需的时间为：

$$t = \frac{Q_b}{P_b} = 0.14 \ \mu s \tag{4.3}$$

因此，焦耳加热形成一个微气泡所需要的时间大约为 $0.14 \ \mu s$，小于试验观测结果，上述理论计算未考虑放电过程中能量的耗散，且液体在蒸发前会存在过热状态，此时液体介质的温度高于沸点[72]。所以水下高压电脉冲放电气泡的形成时间会略高于上述理论计算形成时间。

在第二阶段，当流柱连接电极两端形成击穿通道后，电容器储存的能量被释放到放电通道中，形成电弧放电，使通道内压力增加、温度升高，放电通道内部的高压状态与外界水介质的低压状态形成巨大的压力梯度和温度梯度[73]，由流动力学的理论可知，高温加热使电弧放电通道以每秒上千米的速度迅速膨胀，压缩周围的水介质，在周围水介质中形成冲击波，冲击波是煤岩体破碎能量的主要来源。

图 4.2 展示了完整的冲击波形成时程曲线，可以看出冲击波在形成过程中的趋势是先迅速增加而后衰减。T_1 为冲击波压力上升到峰值所需时间，反映了冲击峰值压力的上升速率，峰值压力 P_m 反映了水下高压电脉冲放电冲击波的加载特性。T_2 为冲击波压力峰值衰减为静水压的时间，反映了水下高压电脉冲放电冲击波压力的衰减速率。T_3 为冲击波正负压转换作用时间，是用来衡量冲击波强度的参数，对煤岩体的致裂效果起着重要作用。

水下高压电脉冲放电冲击波的传播过程被认为是高压、高密度波阵面在水下的高速运动[74]。冲击波传递前后示意图如图 4.3 所示。

当冲击波随着界面传播时，波阵面前后粒子相关物理参数都会发生变化，如密

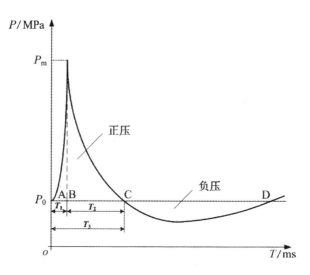

图 4.2　冲击波形成时程曲线

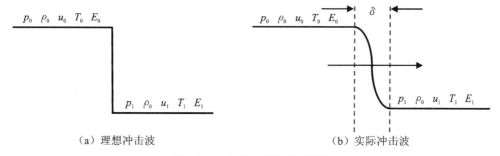

（a）理想冲击波　　　　　　　　　（b）实际冲击波

图 4.3　冲击波传递前后示意图

度、压力、速度和温度等。在理想情况下,冲击波波阵面是无厚度的平面,但是在冲击波传递过程中,液体流动会产生黏性效应和热传导效应,冲击波传递前后的物理量仍有一定的连续微小变化,导致波阵面有一定的厚度,冲击波的传播过程需要满足质量守恒,动量守恒和能量守恒的要求,三种方程的形式如下:

（1）质量守恒方程。

$$\rho_1(D_w - u_1) = \rho_0 D_w \tag{4.4}$$

式中,ρ_0、u_0 分别为波阵面前未扰动水初始状态的密度、质点运动速度;ρ_1、u_1 分别为波阵面后方扰动水的状态的密度、质点运动速度;D_w 为冲击波波速。

（2）动量守恒方程。

$$P_1 - P_0 = \rho_0 D_w u_1 \tag{4.5}$$

式中,P_0 为波阵面前未扰动水初始状态的压力;P_1 为波阵面后方扰动水的状态的压力。

（3）能量守恒方程。

$$(E_1-E_0)=\frac{1}{2}(P_0+P_1)\left(\frac{1}{\rho_0}-\frac{1}{\rho_1}\right) \tag{4.6}$$

式中，E_0 为波阵面前未扰动水初始状态比内能；E_1 为波阵面后方扰动水状态比内能。

卢新培等[75]经过理论推导，得出冲击波波速 D_w 与峰值压力 P_m 之间存在以下关系：

$$D_w=c_0\left(1+\frac{n+1}{2n}\frac{P_m}{B}\right)或 c_0\left(1+\frac{n+1}{4n}\frac{P_m}{B}\right) \tag{4.7}$$

式中，c_0 为扰动前的水下声速；n、B 为系数。

由式（4.7）可知，水下高压电脉冲放电冲击波的峰值压力与冲击波波速存在正相关关系，冲击波峰值压力随波速的增加而增加。

4.2　能量转换效率模型建立

4.2.1　水下高压电脉冲放电能量转换过程

水下高压电脉冲放电形成等离子体通道后，通道迅速膨胀形成冲击波，其强度与电能储能转化为等离子体通道沉积能量有关。通过焦耳热效应沉积在等离子体通道中的电容储能主要转化为冲击波机械能、内能，还有一部分能量以辐射的形式损失[76,77]。

有学者对沉积能量转化后的能量占比做了研究。Roberts 等[78]通过理论研究发现，沉积能量转化为通道内能与机械能之和占总能量的 95% 以上。Sun 等[79]通过实验分析发现，光辐射能量占总能量的比例为 5% 左右。Buogo 等[80]发现，热传导时间尺度远小于光辐射，因此热传导能量可忽略不计。综上所述，忽略光辐射和热传导引起的能量损耗是合理的，因此建立只考虑等离子体通道内能和机械能的能量守恒方程：

$$E_{pl}(t)=E_{in}(t)+E_{sw}(t) \tag{4.8}$$

式中，$E_{pl}(t)$ 为等离子体沉积能量；$E_{sw}(t)$ 为冲击波机械能；$E_{in}(t)$ 为等离子体通道的内能。

等离子体通道是水下高压电脉冲放电冲击波破岩的"工具"，其能量影响是高压电脉冲-水力压裂破岩效果的关键因素，冲击波的特性与沉积到等离子体通道中的能量有关。根据等离子体通道时变阻抗 $R_{pl}(t)$ 和放电电流波形 $i(t)$ 可以计算出沉积到等离子体通道中的电能。等离子体通道电阻与沉积能量的计算式如下[81,82]：

$$R_{pl} = A_{pl} l^2 E_{pl}^{-1}(t) \tag{4.9}$$

$$E_{pl}(t) = \int_0^t i^2(t) R_{pl}(t) \mathrm{d}t \tag{4.10}$$

式中，l 为通道的长度；t 为时间；A_{pl} 为放电系数，取 1.31×10^5 $(V^2 \cdot s) \cdot m^2$。

由 Axel[83] 改进的 Braginskii 方程表明，通过焦耳加热传递到等离子体通道的电能分为腔内等离子体-蒸汽混合物的内能 $E_{in}(t)$ 和膨胀腔所做的机械功 $E_{sw}(t)$，$E_{in}(t)$ 的表达式如下所示：

$$E_{in}(t) = \frac{P(t)V(t)}{\gamma - 1} \tag{4.11}$$

式中，$V(t)$ 为等离子体通道的体积；$P(t)$ 为等离子体通道内部压力；γ 为比热容。式中假设等离子体通道内的气体由离子水组分组成，并且蒸汽混合物表现为具有恒定比热容 γ 的理想气体。

很多学者研究等离子体的 γ 值，Okun[84] 基于氧-氢等离子体的瞬态腔含量计算 $\gamma \approx 1.26$。Gidalevich 等[85] 通过将水下高压电脉冲放电的实验数据与 Rayleigh-Plesset 方程的仿真结果进行比较，发现当 $\gamma \approx 1.4$ 时，试验数据与 Rayleigh-Plesset 方程仿真结果匹配最佳。其他文献记录的 γ 值为 $1.25 \sim 1.33$[86-90]。根据上述分析，本模型的比热容取 1.3。

水下高压电脉冲放电实验中等离子体通道的光学图像如图 4.4 所示，图中白色部分为捕捉到的等离子体通道图像，故本书将等离子体通道近似为圆柱体，如图 4.5 所示。

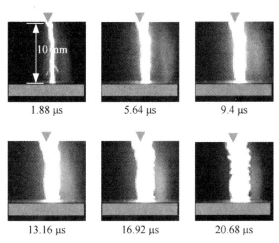

图 4.4 等离子体通道图像[89]

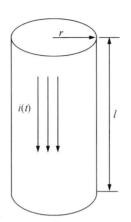

图 4.5　圆柱体等离子体通道

在计算等离子体通道的体积时，通道被均匀地视为圆柱体，l 为等离子体通道的长度，$r(t)$ 为通道的半径，文献[91] 研究了通道半径的初值敏感性分析，确定了比较合理的初值，$r(0)=0.1$ mm，$r'(0)=1$ m/s，$r''(0)=10$ m/s²。所以，等离子体通道的体积 $V(t)$ 为：

$$V(t)=\pi r(t)^2 l \tag{4.12}$$

等离子体通道的半径与电导率的关系可表示为：

$$r(t)=\sqrt{\frac{l}{R_{pl}(t)\sigma\pi}} \tag{4.13}$$

式中，$\sigma(t)$ 为等离子体通道横截面的平均电导率。

等离子体电导率与通道的温度 $T(t)$ 有关，与 $T(t)^{3/2}$ 成正比，如下所示：

$$\sigma(t)=T(t)^{3/2}\,e^{\frac{5000}{T(t)}} \tag{4.14}$$

式中，e 为基本电荷量，取值为 1.60217×10^{-19} C。尽管等离子体通道的温度在放电过程中是一个随时间变化的变量，但在形成冲击波时，等离子体通道温度稳定在一个固定值附近[78]。有学者经过试算，在固定值附近，找到了液相放电等离子体的合理温度，为 $10000\sim30000$ K[90]，本书取 20000 K。

4.2.2　等离子体通道动力学方程与能量转换效率

本书考虑未扰动水下膨胀速度小于声速，借鉴声学近似来描述水下高压电脉冲放电产生的压力脉冲。假设可压缩液体的压力和密度与其平均值变化不大，并且在通道界面处的液体速度等于通道膨胀的速度。此时，通道内部的压力为[91]：

$$P(t)=P_0+\rho_0\left(\frac{r(t)^2}{d}\frac{dr^2(t)}{dt^2}+2\left[\frac{dr(t)}{dt}\right]^2-\frac{r(t)^4}{2d^2}\left[\frac{dr(t)}{dt}\right]^2\right) \tag{4.15}$$

式中，P_0 为静水压力；d 为通道内部的点距放电中心的距离。

当 $r=d$ 时，忽略液体表面张力与黏度影响，可以简化式(4.15)得到等离子体通道壁上压力：

$$P(t)=P_0+\rho_0\left(\frac{3}{2}\left[\frac{\mathrm{d}r(t)}{\mathrm{d}t}\right]^2+a(t)\frac{\mathrm{d}^2r(t)}{\mathrm{d}t^2}\right) \tag{4.16}$$

水下高压电脉冲放电冲击波机械能可由通道压力与体求得，表达式为：

$$E_{\mathrm{sw}}=\int P(t)V(t) \tag{4.17}$$

液体电击穿发生后，电容储能转换为等离子体沉积能量的效率 η_1 为：

$$\eta_1=\frac{E_{\mathrm{pl}}}{E_{\mathrm{c}}} \tag{4.18}$$

式中，E_{c} 为电容器储能，$E_{\mathrm{c}}=\frac{1}{2}CU^2$；$C$ 为电容；U 为电压。

存储在电容器中的电能转换为冲击波机械能能量的效率 η_2 为：

$$\eta_2=\frac{E_{\mathrm{sw}}}{E_{\mathrm{c}}} \tag{4.19}$$

4.2.3　模型验证

Liu 等[82]通过试验和数值方法研究了等离子体通道阻抗对等离子体通道沉积能量的影响。将 2.1.1 节提出的电路解析模型取与文献[82]相同的放电参数进行计算，以对比验证本书电路模型的有效性。水下脉冲放电破岩的电流时程曲线如图 4.6(a)所示，从图中可以看出本书提出的电路解析模型与文献[82]中的电流波形大致相同。图 4.6(b)描述了水下脉冲放电破岩等离子体通道电阻的时程曲线。可以发现本书与文献[82]之间的等离子体通道电阻吻合较好，验证了本书电路解析模型的准确性。

文献[91]开展了水下高压电脉冲放电等离子体破岩试验。为了验证水下高压电脉冲放电能量转换效率模型的准确性，将本章提出的数学模型用与文献[91]相同的放电参数进行计算，计算不同电压下的等离子体通道沉积能量及能量转化效率 η_2，并与文献[91]比较，结果如表 4.1 所示。模型验证的放电参数与文献[91]一致，参数取 $l=10\ \mathrm{mm}$，$R_0=300\ \mathrm{M\Omega}$，$C=1\ \mu\mathrm{F}$，$P_0=10^5\ \mathrm{Pa}$。由表 4.1 所知，随着放电电压增加，沉积能量与能量转化效率 η_2 均增加；本章计算的沉积能量与文献[91]误差最大不超过 4.9%，能量转换效率 η_2 与文献[91]误差最大不超过 2.2%，验证了本章数学模型的准确性。

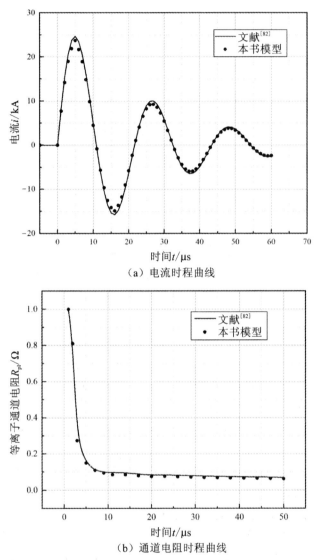

（a）电流时程曲线

（b）通道电阻时程曲线

图 4.6　水下电脉冲破岩电路参数验证

表 4.1　模型验证

电压/kV	E_{pl1}/J	E_{pl2}/J	误差	η_{21}	η_{22}	误差
20	133.338	139.965	4.9%	6.40%	6.57%	2.7%
30	242.7526	251.169	3.5%	6.51%	6.64%	2%

续表

电压/kV	E_{pl1}/J	E_{pl2}/J	误差	η_{21}	η_{22}	误差
40	368.5687	376.265	3.4%	6.62%	6.78%	2.4%
50	507.6851	526.459	3.1%	6.72%	6.86%	2.1%
60	658.1352	679.233	3.1%	6.80%	6.95%	2.2%
70	818.5422	845.368	3.2%	6.86%	7.01%	2.2%

注：E_{pl1}和η_{21}数据来源为文献[91]，E_{pl2}和η_{22}数据来源为本书。

4.2.4　结果分析

本书在充电电压为 15 kV 的条件下来探究为了分析水下高压电脉冲放电等离子体通道形成的过程，电学参数取文献[92]，主放电储能电容为 3.38 μF，外回路电感为 3.34 μH，外回路电阻为 0.15 Ω。额定电压为 50 kV。放电介质采用自来水，电导率约为 340 μS/cm。电极采用针-板形式，间隙距离取 10 mm。

图 4.7 为放电电流时程曲线。从图中可以看出，电流随时间呈现出周期性变化，每个波形周期为约 31 μs。放电电流在第一个周期达到最大值约为 12.5 kA，随后每个周期的电流峰值逐渐降低。放电电流的形成表明了水的击穿和水中等离子体通道的形成，放电装置能量进一步在等离子体通道内做功，部分能量会以机械功形式释放。

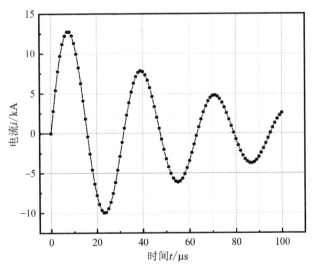

图 4.7　放电电流时程曲线

如图 4.8 所示。等离子体通道阻抗随电流的增大而迅速减小,在第一个电流峰值之后,阻抗值基本达到稳态。冲击波机械能在 25 μs 后基本保持不变,由文献[84,92]可知,击穿通道在 25 μs 附近已基本停止膨胀做功,等离子体通道沉积能量不再转化为冲击波机械能,与本书所得规律一致。

由图 4.8 可以看出,等离子体通道沉积能量在电流前半个振荡周期内迅速上升,在经过 3.5 个电流周期后,基本达到稳定值,虽然注入等离子体通道的电能在通道形成 25 μs 后不再对冲击波机械能产生影响,但在等离子体通道形成 25 μs 后,仍有部分电能转化为沉积能量。

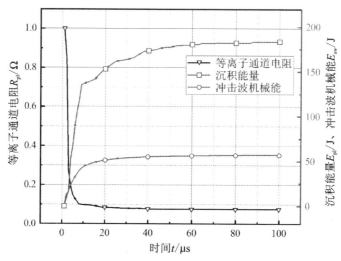

图 4.8 等离子体通道电阻和能量参数计算结果

4.3 能量转换效率参数分析

4.3.1 击穿电压影响分析

水下高压电脉冲放电冲击波破岩过程中,击穿电压的大小对放电电极输入等离子体通道能量的大小有一定影响。研究击穿电压对能量转换效率模型结果的影响时,击穿电压取 11 kV、13 kV、15 kV,其他参数取自文献[92]。

图 4.9 展示了不同击穿电压下等离子体通道电阻随时间的变化规律。在等离子体通道形成后,三种电压下等离子体通道电阻迅速下降,这是因为间隙击穿后回路中电流在前半个振荡周期迅速增加(电流与电阻成反比);在 10 μs 后,等离子体通道电阻缓慢减小,基本达到稳态值。电压在 15 kV 时,等离子体通道电阻稳态值

约为0.075 Ω；电压为 13 kV 时，等离子体通道电阻稳态值约为 0.091 Ω；电压为 11 kV 时，等离子体通道电阻稳态值约为 0.11 Ω。这表明等离子体通道电阻随击穿电压的增大而减小。

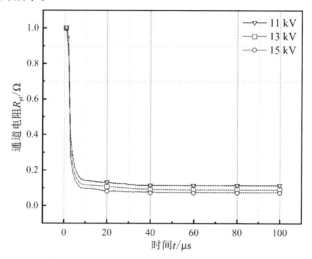

图 4.9　不同击穿电压下等离子体通道电阻随时间的变化规律

式(4.12)~式(4.17)联立可求出等离子体通道的压力与体积，其中 $P(0) = 5$ MPa。图 4.10 为不同击穿电压下等离子体通道压力随时间的变化规律，等离子体通道压力可达数百兆帕至数千兆帕，从而加快等离子体通道膨胀的速度，推动周围液体做功。等离子体通道的压力在 1 μs 前迅速增加至峰值，随后迅速衰减，最终等离子体通道压力会衰减至静水压力。

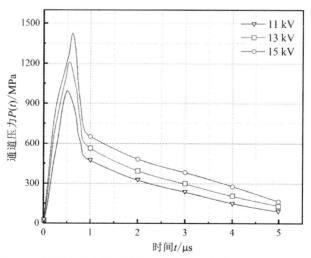

图 4.10　不同击穿电压下等离子体通道压力随时间的变化规律

提取图 4.10 的等离子体通道压力峰值并拟合,如图 4.11 所示,等离子体通道压力峰值呈线性增长关系。当电压从 11 kV 增加到 13 kV 时,等离子体通道的峰值压力从 996 MPa 增加到了 1202 MPa,增幅约 20.68%;当电压从 13 kV 增加到 15 kV 时,等离子体通道的峰值压力从 1202 MPa 增加到 1466 MPa,增幅约 21.96%。综上所述,等离子体通道压力随击穿电压的增大而增大。

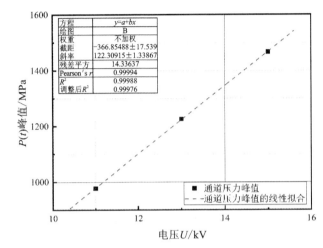

图 4.11　通道内部压力峰值线性拟合

等离子体通道沉积能量可通过式(4.10)计算,随时间的变化规律如图 4.12 所示。等离子体通道沉积能量与时间的关系呈现出先迅速增加后趋于平稳的典型特征,迅速增加是因为电流在前半个振荡周期内达到峰值;趋于平稳是因为此时的等离子体通道电阻基本达到稳态值,此时等离子体通道阻抗值很小导致焦耳加热效应无法提供作用,此时的能量就可视为等离子体通道沉积能量。由图 4.12 可以看出,等离子体通道沉积能量随击穿电压的增大而增加。击穿电压由 11 kV 增加至 13 kV,等离子体通道沉积能量由 119.77 J 增加至 150.23 J,增幅为 25.43%;击穿电压由 13 kV 增加至 15 kV,等离子体通道沉积能量由 150.23 J 增加至 183.26 J,增幅为 21.99%。

沉积在等离子体通道中的能量一部分转化为通道的内能 $E_{in}(t)$,另一部分转化为冲击波机械能 $E_{sw}(t)$。将 $P(t)$、$V(t)$ 代入式(4.17)求出冲击波机械能的时程曲线,E_{sw} 随时间的变化规律如图 4.13 所示,冲击波机械能呈现出随时间先快速上升后逐渐趋于平稳的规律,这与文献[91]中测点处冲击波机械能的变化规律一致。冲击波机械能随击穿电压的增大而增大,击穿电压由 11 kV 增加至 13 kV,冲击波机械能峰值压力由 27.48 J 增加至 40.09 J,增长幅度约为 45.89%;击穿电压由 13 kV 增加至 15 kV,冲击波机械能峰值压力由 40.09 J 增加至 57.08 J,增长幅度约为 42.38%,冲击波机械能决定了水下高压电脉冲放电产生的冲击波峰值压力的大小,

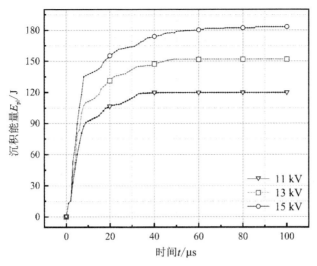

图 4.12　不同击穿电压下沉积能量随时间的变化规律

对本书第 5 章提出的高压电脉冲-水力压裂联合破岩方法有重要影响,具体描述见第 5 章。

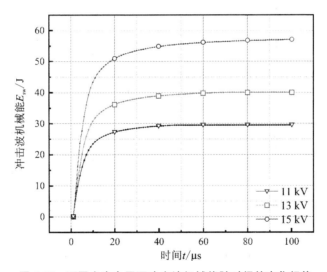

图 4.13　不同击穿电压下冲击波机械能随时间的变化规律

　　能量转化效率由式(4.18)~式(4.19)计算所得,其随电压的变化如表 4.2 所示。电容器储能转化为等离子体通道沉积能量的比例 η_1 随电压的增加而减小(由 58.57%减少至 48.19%),电容器储能转化为冲击波机械能的比例 η_2 随电压的增大而增大(由 13.44%增加至 15.01%)。因此,在实际工程中,合理增加电压,可提高机械能转化效率,提升碎煤效率。

表 4.2　不同击穿电压下的各种能量转化效率

电压 U_0/kV	E_c/J	E_{pl}/J	E_{sw}/J	η_1	η_2
11	204.5	119.77	27.48	58.57%	13.44%
13	285.6	150.23	40.09	52.6%	14.04%
15	380.3	183.26	57.08	48.19%	15.01%

4.3.2　回路电感影响分析

电感器是一种电路元件,可以临时存储能量并在适当的时间释放能量,在电路中不消耗电能,但可影响整个电路的能量。研究回路电感 L 对冲击波能量转换效率模型结果的影响时,L 取 $2\sim4\ \mu H$,其他参数与前文保持一致,击穿电压取 13 kV。不同电感下等离子体通道电阻随时间的变化规律如图 4.14 所示,随着电感的增加,等离子体通道电阻也随之增加。

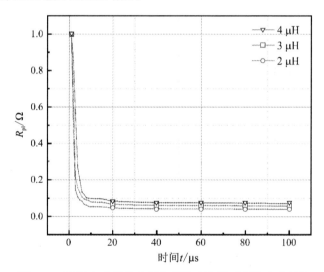

图 4.14　不同电感下等离子体通道电阻随时间的变化规律

不同电感下等离子体通道沉积能量随时间的变化规律如图 4.15 所示,等离子体通道沉积能量随电感的增加而减小,回路电感由 $2\ \mu H$ 增加至 $4\ \mu H$,等离子体沉积能量由 189.29 J 减小至 126.19 J,减小了 33.34%。

不同电感下冲击波机械能随时间的变化规律如图 4.16 所示。冲击波机械能随电感的增加而减少,电感由 $2\ \mu H$ 增加至 $3\ \mu H$,冲击波机械能由 59.29 J 减少至

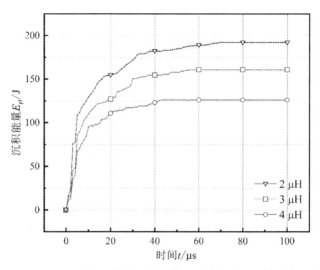

图 4.15　不同电感下等离子体通道沉积能量随时间的变化规律

46.90 J,减小幅度约为 20.9%;电感由 3 μH 增加至 4 μH,冲击波机械能由 46.90 J
减少至 29.93 J,减小幅度约为 36.18%。

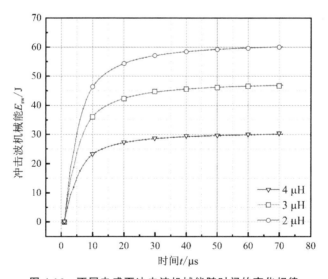

图 4.16　不同电感下冲击波机械能随时间的变化规律

　　不同电感下的各种能量转化效率如表 4.3 所示。能量转化效率均随电感的增
大而减小。电感由 2 μH 增加至 4 μH,电容器储能转化为等离子体通道沉积能量
的比例 η_1 由 66.28% 减少至 44.19%,电储能转化为冲击波机械能的比例 η_2 由
20.76% 减少至 10.48%。因此,合理减小回路电感,可提高机械能转化效率,在实际

高压电脉冲破岩机理及力学性状研究

工程中提升碎煤效率。

表 4.3　不同电感下的各种能量转化效率

电感 $L/\mu H$	E_c/J	E_{pl}/J	E_{sw}/J	η_1	η_2
2	285.6	189.29	59.29	66.28%	20.76%
3	285.6	160.75	46.90	56.29%	16.42%
4	285.6	126.19	29.93	44.19%	10.48%

4.3.3　电容量影响分析

电容是一种储存能量的元件,储存能量的多少影响整个回路,电容越大,储存能量的能力越强,输入整个回路的电能也越多。本节将计算不同电容下两种冲击波能量转化效率大小,可为实际工程中的设备优化提供理论依据。电容取 2～4 μF,击穿电压取 13 kV,其他参数与 2.1 节相同。不同电容下等离子体通道电阻随时间的变化规律如图 4.17 所示,等离子体通道电阻与储能电容呈负相关。

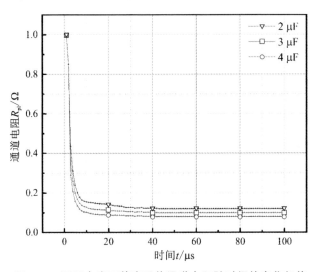

图 4.17　不同电容下等离子体通道电阻随时间的变化规律

不同电容下等离子体通道沉积能量随时间的变化规律如图 4.18 所示,在电容为 2 μF 时,等离子体通道沉积能量最先趋于稳定。等离子体沉积能量随电容的增加而增加,电容由 2 μF 增加至 3 μF,等离子体通道沉积能量由 89.72 J 增加至 139.12 J,增幅约为 55.06%;电容由 3 μF 增加至 4 μF,等离子体通道沉积能量由 139.12 J 增加至 191.23 J,增幅约为 37.45%。

70

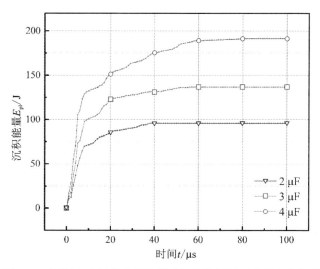

图 4.18　不同电容下等离子体通道沉积能量随时间的变化规律

不同电容下冲击波机械能随时间的变化规律如图 4.19 所示。冲击波机械能随电容增加而增大。电容由 2 μF 增加到 3 μF，冲击机械能由 23.58 J 增加至 36.74 J，增幅约为 55.81%；电容由 3 μF 增加到 4 μF，冲击机械能由 36.74 J 增加至 52.43 J，增幅约为 42.71%。

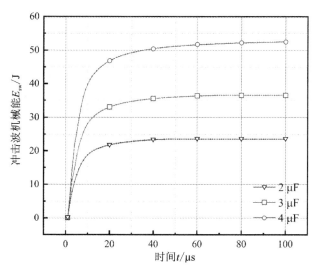

图 4.19　不同电容下冲击波机械能随时间的变化规律

不同电容下的各种能量转化效率如表 4.4 所示。能量转化效率均随着电容的增加而增加，但增长幅度较小。因此，在实际应用中，应对不同的工程采用相对应的电容器。

表 4.4 不同电容下的各种能量转化效率

电容 $C/\mu F$	E_c/J	E_{pl}/J	E_{sw}/J	η_1	η_2
2	169	89.72	23.58	53.08%	13.92%
3	253.5	139.12	36.74	54.88%	14.49%
4	338	191.23	52.43	56.58%	15.51%

4.4 本 章 结 论

能量转换效率是工程应用中的核心,本章通过理论分析,研究水下高压电脉冲放电等离子体通道形成的过程,基于基尔霍夫定律、等离子体通道阻抗模型、等离子体通道动力学方程,建立冲击波能量转化效率数学模型,并考虑不同因素对等离子体通道沉积能量、冲击波机械能及能量转化效率的影响,得出结论如下。

(1) 对构建的能量转化效率数学模型及电路方程和以往文献进行对比,验证了本章数学模型的正确性。数学模型可以揭示不同电学参数对能量转化效率的影响,为后续高压电脉冲-水力压裂联合破岩实际工程中参数调节提供了理论指导。

(2) 在本书计算参数下,击穿电压由 11 kV 增加到 15 kV,沉积能量增幅为53%、冲击波机械能增幅为107%,沉积能量转换效率降低,机械能转换效率提高;回路电感由 $2\mu H$ 增加至 $4\mu H$,沉积能量降幅为 33%、冲击波机械能降幅为 49%,两种能量转换效率均降低;电容对能量转换效率提升作用很小。

(3) 提高液相放电能量转换效率最优顺序为:减小回路电感>增加击穿电压>增加电容量。在实际工程中,设计钻井工具时,应尽量减小回路电感。因为提高电容会增加钻井设备体积,且提高电容对于提高能量转化效率的作用不大,对于实际工程破岩效率的提高作用很小。

5 高压电脉冲-水力压裂联合破岩模型研究

水力压裂致裂岩体作为一种具有广泛应用前景的地质资源开发措施,在近年来受到国内外研究团队的广泛关注。然而,在工程实践中,在面临低渗透和高硬度地层时,岩石破碎和工程开采常因裂缝尖端压力较低而效率低下。此外,水力裂缝受复杂地质条件如原位应力场和天然裂缝影响,现场试验和工程实践中的裂缝发展规律难以控制。高压电脉冲破岩技术作为一种新型岩石破碎技术,具有环保、易控和可重复等优势,已初步应用于工程实践。本书将高压电脉冲和水力压裂两种技术相结合,以提高深部储层开发工程中的岩石破碎效率。首先,通过高压电脉冲技术冲击岩层在岩层中产生预裂缝和预损伤。这种预损伤一方面可以降低岩层强度,另一方面还可以改善储层水力学特性(渗透性、孔隙率等)。此外,预裂缝还可以作为预切缝使用。随后,进行水力压裂步骤以进一步破碎岩层。

然而,目前高压电脉冲-水力压裂联合破岩技术鲜见报道,而岩石在高压电脉冲和水力压裂作用下的力学性状演化和裂缝发展规律也还不明确。为此,本章在前文对高压电脉冲破岩机理和等离子体通道形成过程的研究基础上,进一步研究了高压电脉冲-水力压裂联合破岩技术。本章基于数值方法,构建了高压电脉冲-水力压裂联合破岩渗流-应力-损伤耦合数值模型,并对其破岩效率、水力学参数演化、力学性状演化及裂缝拓展规律等展开分析。

5.1 高压电脉冲-水力压裂联合破岩的数学模型

关于高压电脉冲等效电路、等离子体通道扩张过程数学模型的构建过程在第 2 章中已经阐述。本节在第 2 章的基础上进一步建立了考虑渗流-应力-损伤耦合的岩体模型,以应用于模拟高压电脉冲-水力压裂联合破岩。

5.1.1 高压电脉冲-水力压裂联合破岩概念模型

图 5.1 介绍了高压电脉冲-水力压裂联合破岩概念模型,该技术可以分为两个主要部分:高压电脉冲和水力压裂。在第一部分,由放电装置产生的高压电脉冲电流在正负极之间产生一个放电电弧通道。放电通道完全形成后,电弧爆炸阶段开始,放电通道内电流骤然上升,电路的能量完全释放,直到电压接近零。同时,等离

子体通道迅速扩张并产生一个超压冲击波。冲击波入射岩石内产生应力波,应力波在电脉冲钻孔附近诱导产生剪切损伤。在电脉冲远区,岩层中形成了多条较长的主拉伸裂缝。第一步的主要目的是对岩层造成预损伤,初步破坏使岩层强度降低,形成预裂缝,增强后续注水压裂效果。此外,高压电脉冲预损伤将改善储层的水力学特性(如孔隙度、渗透性、储水量)。在第二阶段,流体被注入电脉冲改造后的储层中。需要注意的是,图 5.1 是一个便于理解的简化概念模型,在实际工程中,高压电脉冲和水力压裂可以通过一个联合破岩装置完成。

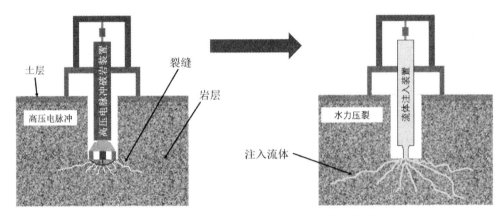

土层   裂缝   岩层   高压电脉冲破岩装置   高压电脉冲   水力压裂   流体注入装置   注入流体

图 5.1   高压电脉冲-水力压裂联合破岩概念模型

数值模拟包含四个主要阶段。第一阶段是计算放电电路,以获得电压和电流的时程曲线。第二阶段利用第一步得到的电压、电流和电阻时程曲线,可以得到电弧通道内的能量变化。然后,根据能量方程和动量守恒关系,可以得出高压电脉冲的冲击波时程曲线。第三阶段将计算得到的冲击波压力作为载荷源施加在岩石钻孔中,以模拟岩层在电脉冲作用下的力学响应。同时,将高压电脉冲后的不可逆变化(电脉冲后的损伤、孔隙率、渗透率、储水系数等)代入流体注入阶段。第四阶段,进行流体注入从而进一步压裂储层。需要注意的是,高压电脉冲产生的弹性应力波在水力压裂阶段被忽略了,只有上述不可逆变化被传递至流体注入阶段。

5.1.2   应力场控制方程

对于高压电脉冲阶段,岩石基质单元受惯性效应显著,应力场受运动微分方程控制,可以描述为:

$$\nabla \cdot \boldsymbol{\sigma} + \boldsymbol{b}_v = \rho \frac{\partial^2 \boldsymbol{u}}{\partial^2 t} \tag{5.1}$$

式中,$\boldsymbol{\sigma}$ 为总应力张量;$\boldsymbol{b}_v$ 为体力张量;ρ 为密度;$\boldsymbol{u}$ 为位移张量。

对于水力压裂阶段,流体压力被考虑为准静态作用,应力场控制方程可以通过平衡微分方程描述为：

$$\nabla \cdot \boldsymbol{\sigma} + \boldsymbol{b}_{\mathrm{v}} = 0 \tag{5.2}$$

有效应力满足孔隙弹性效应，可以表达为：

$$\boldsymbol{\sigma}' = \boldsymbol{\sigma} + \alpha p \boldsymbol{I} \tag{5.3}$$

式中，$\boldsymbol{\sigma}'$ 为有效应力张量；α 为 Biot 系数；p 为水压；$\boldsymbol{I}$ 为单位矩阵。在本章中，拉应力和拉应变为正，压应力和压应变为负。岩石基质满足如下运算规则：

$$\begin{cases} \boldsymbol{\sigma}' = \boldsymbol{D} : \boldsymbol{\varepsilon} \\ \boldsymbol{\varepsilon} = \dfrac{[(\nabla u)^{\mathrm{T}} + (\nabla u)]}{2} \\ \boldsymbol{D} = \boldsymbol{D}(E, \mu) \end{cases} \tag{5.4}$$

式中，$\boldsymbol{D}$ 为四阶弹性矩阵；$\boldsymbol{\varepsilon}$ 为应变张量；E 和 μ 分别为弹性模量和泊松比。

各向同性损伤模型对拉伸破坏表现出良好的适用性，然而，当同时计算岩石材料的拉伸和剪切损伤时，损伤演化和刚度退化表现出显著的各向异性，而材料损坏和失效意味着单元的刚度发生退化。在电脉冲近区，破坏主要是由压缩和剪切波诱导产生的剪切损伤，表现为致密的剪切裂缝。在高压电脉冲远区，单元损伤主要是由拉伸波产生的拉伸损伤，表现为多条细长径向主裂缝。在这种情况下，使用各向同性损伤模型来描述冲击载荷作用下的岩石破坏似乎并不合适。在此基础上，本书将损伤分解为拉伸和压缩两部分。为此，有效应力满足以下计算模式[93]：

$$\boldsymbol{\sigma}' = (1 - \omega_{\mathrm{t}}) \boldsymbol{\sigma}'_{+} + (1 - \omega_{\mathrm{c}}) \boldsymbol{\sigma}'_{-} \tag{5.5}$$

式中，ω_{t} 和 ω_{c} 分别为拉伸和压缩损伤变量。ω 为 0，则说明该单元不发生损伤，ω 接近于 1，表明该单元失效。有效应力 $\boldsymbol{\sigma}'$ 被分割为正负部分 $\boldsymbol{\sigma}'_{+}$ 和 $\boldsymbol{\sigma}'_{-}$，可表示为：

$$\boldsymbol{\sigma}'_{+} = \sum_{a=1}^{3} \langle \sigma_a \rangle_{+} \, \boldsymbol{n}_a \otimes \boldsymbol{n}_a \tag{5.6}$$

$$\boldsymbol{\sigma}'_{-} = \sum_{a=1}^{3} \langle \sigma_a \rangle_{-} \, \boldsymbol{n}_a \otimes \boldsymbol{n}_a \tag{5.7}$$

式中，σ_a 和 $\boldsymbol{n}_a$ 分别为主应力和主方向。

联立式(5.5)、式(5.6)及式(5.7)，考虑到岩石材料的拉伸和压剪破坏模式，有效应力可计算为：

$$\boldsymbol{\sigma}' = \boldsymbol{D} : \boldsymbol{\varepsilon} - \omega_{\mathrm{t}} \sum_{a=1}^{3} \langle \sigma_a \rangle_{+} \, \boldsymbol{n}_a \otimes \boldsymbol{n}_a - \omega_{\mathrm{c}} \sum_{a=1}^{3} \langle \sigma_a \rangle_{-} \, \boldsymbol{n}_a \otimes \boldsymbol{n}_a \tag{5.8}$$

修正 Mohr-Coulomb 屈服准则被用来描述岩石材料的压-剪破坏，同时最大主应力准则被用来描述材料的拉伸破坏，可以写作：

$$F_{\mathrm{MC}} = \frac{1 + \sin\tau}{1 - \sin\tau} \sigma'_1 - \sigma'_3 - f_{\mathrm{c}} \tag{5.9}$$

$$F_{\mathrm{T}} = \tilde{\sigma}_{\mathrm{t}} - f_{\mathrm{t}} \tag{5.10}$$

式中,τ 为内摩擦角;σ'_1 和 σ'_3 分别为最大有效主应力和最小有效主应力;f_{c} 和 f_{t} 分别为岩石单轴抗压强度和单轴抗拉强度;$\tilde{\sigma}_{\mathrm{t}}$ 是等效拉伸应力,可以表示为:

$$\tilde{\sigma}_{\mathrm{t}} = \sqrt{\sum_{a=1}^{3} \langle \sigma'_a \rangle_{+}^{2}} \tag{5.11}$$

式中,σ'_a 为有效主应力。此外,等效拉伸应变和等效压缩应变可以通过主应变表示为:

$$\tilde{\varepsilon}_{\mathrm{c}} = \frac{\dfrac{1+\sin\tau}{1-\sin\tau}\sigma'_1 - \sigma'_3}{E} \tag{5.12}$$

$$\tilde{\varepsilon}_{\mathrm{t}} = \frac{\sqrt{\sum_{a=1}^{3} \langle \sigma'_a \rangle_{+}^{2}}}{E} \tag{5.13}$$

式中,$\tilde{\varepsilon}_{\mathrm{c}}$ 和 $\tilde{\varepsilon}_{\mathrm{t}}$ 分别为等效压缩应变和等效拉伸应变。在本章中,Khun-Tucker 条件被用于描述计算不可逆的力学损伤,满足以下加卸载条件:

$$f(\tilde{\varepsilon}_{\mathrm{c}}, \kappa_{\mathrm{c}}) \leqslant 0, \qquad \frac{\partial \kappa_{\mathrm{c}}}{\partial t} \geqslant 0, \qquad \frac{\partial \kappa_{\mathrm{c}}}{\partial t} f(\tilde{\varepsilon}_{\mathrm{c}}, \kappa_{\mathrm{c}}) = 0 \tag{5.14}$$

$$f(\tilde{\varepsilon}_{\mathrm{t}}, \kappa_{\mathrm{t}}) \leqslant 0, \qquad \frac{\partial \kappa_{\mathrm{t}}}{\partial t} \geqslant 0, \qquad \frac{\partial \kappa_{\mathrm{t}}}{\partial t} f(\tilde{\varepsilon}_{\mathrm{t}}, \kappa_{\mathrm{t}}) = 0 \tag{5.15}$$

式中,κ_{c} 和 κ_{t} 分别为最大压缩应变变量和最大拉伸应变变量,f 为损伤加载函数,定义为:

$$f(\tilde{\varepsilon}_{\mathrm{c}}, \kappa_{\mathrm{c}}) = \tilde{\varepsilon}_{\mathrm{c}} - \kappa_{\mathrm{c}} \tag{5.16}$$

$$f(\tilde{\varepsilon}_{\mathrm{t}}, \kappa_{\mathrm{t}}) = \tilde{\varepsilon}_{\mathrm{t}} - \kappa_{\mathrm{t}} \tag{5.17}$$

为了便于计算,拉伸和压缩损伤下的损伤因子同样满足图 2.7 所示的弹脆性损伤演化。事实上,损伤演化关系还可以描述为指数型、线性型和多项式型等形式[48]。

5.1.3 渗流场控制方程

在工程尺度模拟中,储层流体在动载荷作用下同样满足准静态运动规则[94]。为此,对于高压电脉冲-水力压裂的模拟中,流体流动均满足准静态连续性方程:

$$\frac{\partial(\phi\rho_{\mathrm{w}})}{\partial t} + \nabla \cdot (\rho_{\mathrm{w}}\boldsymbol{U}) = Q - \rho_{\mathrm{w}}\alpha\frac{\partial \varepsilon_{\mathrm{v}}}{\partial t} \tag{5.18}$$

式中,ϕ 为孔隙率;ε_{v} 为体积应变;ρ_{w} 为流体密度;Q 为源项;$\boldsymbol{U}$ 是流体流速,满足

Darcy 定律：

$$\boldsymbol{U} = -\frac{k}{\mu_{\mathrm{w}}}\nabla p \tag{5.19}$$

式中，k 为渗透率；μ_{w} 为动力黏度；p 为水压力。

此外，储水模型可以表示为：

$$\frac{\partial(\rho_{\mathrm{w}}\phi)}{\partial t} = \rho_{\mathrm{w}}S\frac{\partial p}{\partial t} \tag{5.20}$$

式中，S 为储水系数，可以写作：

$$S = \phi c_{\mathrm{w}} + \frac{(\alpha - \phi)(1 - \alpha)}{K} \tag{5.21}$$

式中，c_{w} 为流体压缩模量；K 为体积模量。

联立式(5.18)～式(5.21)，储层渗流控制方程可以写作：

$$\rho_{\mathrm{w}}\left[\phi c_{\mathrm{w}} + \frac{(\alpha - \phi)(1 - \alpha)}{K}\right]\frac{\partial p}{\partial t} - \frac{\rho_{\mathrm{w}}k}{\mu_{\mathrm{w}}}\nabla^2 p = Q - \rho_{\mathrm{w}}\alpha\frac{\partial \varepsilon_{\mathrm{v}}}{\partial t} \tag{5.22}$$

对于断裂域，孔隙率 ϕ_{f} 为 1。对于岩石基质，孔隙率 ϕ_{p} 可以通过平均有效压力计算为：

$$\phi_{\mathrm{p}} = \phi_{\mathrm{r}} + (\phi_0 - \phi_{\mathrm{r}})\exp(\zeta\sigma_{\mathrm{v}}') \tag{5.23}$$

式中，ϕ_{r} 和 ϕ_0 分别为残余孔隙率和初始孔隙率；ζ 为孔隙-应力关联系数；σ_{v}' 为平均有效压力，可以表示为：

$$\sigma_{\mathrm{v}}' = (\sigma_1 + \sigma_2 + \sigma_3) + \alpha p \tag{5.24}$$

式中，σ_1、σ_2 和 σ_3 分别为第一主应力、第二主应力和第三主应力。

此外，渗透率 k 与孔隙度及损伤程度有关，可以表示为：

$$k = \begin{cases} k_{\mathrm{p}} = k_0\left(\dfrac{\phi_{\mathrm{p}}}{\phi_0}\right)^3 \\[3mm] k_{\mathrm{f}} = k_0\left(\dfrac{\phi_{\mathrm{p}}}{\phi_0}\right)^3\exp(\xi\lambda) \end{cases} \tag{5.25}$$

式中，k_0 为初始渗透率；ξ 为损伤-渗透关联系数；λ 为有效损伤变量，可以写作：

$$\lambda = \begin{cases} 0, & \text{当 } F_{\mathrm{T}} \leqslant 0 \text{ 且 } F_{\mathrm{MC}} \leqslant 0 \text{ 时} \\ \omega_{\mathrm{c}}, & \text{当 } F_{\mathrm{T}} \leqslant 0 \text{ 且 } F_{\mathrm{MC}} = 0 \text{ 时} \\ \omega_{\mathrm{t}}, & \text{当 } F_{\mathrm{T}} = 0 \text{ 时} \end{cases} \tag{5.26}$$

式(5.26)表明拉伸损伤优先于压缩损伤。对于流体控制方程，只有在不满足拉伸破坏准则的情况下才能执行压缩破坏准则。

在本章中，岩石基质和损伤域都满足流体流动质量守恒。但不同的是，岩石基质和损伤区域具有不同的水力学特性,如孔隙度 ϕ、渗透率 k 及储水系数 S。对于损伤域,岩石体积变形的贡献项可以忽略不计。因此,模拟损伤域和岩石基质的渗流场控制方程可以通过以下方式进行描述:

$$\begin{cases} \rho_w \left[\phi_p c_w + \dfrac{(\alpha-\phi_p)(1-\alpha)}{K} \right] \dfrac{\partial p}{\partial t} - \dfrac{\rho_w k_p}{\mu_w} \nabla^2 p = Q - \rho_w \alpha \dfrac{\partial \varepsilon_v}{\partial t} \quad \text{(岩石基质)} \\[4mm] \rho_w S_f \dfrac{\partial p}{\partial t} - \dfrac{\rho_w k_f}{\mu_w} \nabla^2 p = Q \quad \text{(损伤域)} \end{cases}$$

(5.27)

5.2 模型设置和求解流程

5.2.1 控制方程数值实施

根据第 2 章中式(2.4)、式(2.7)及式(2.12),高压电脉冲等效电路及等离子体通道扩张力学模型的数学表达可以写作:

$$\begin{cases} \dfrac{\mathrm{d}^2 i(t)}{\mathrm{d}t^2} = \dfrac{K_{ch} \cdot l_{ch}}{2L \left(\int_0^t i^2(t)\mathrm{d}t \right)^{3/2}} i^3(t) - \left(\dfrac{R_z}{L} + \dfrac{K_{ch} \cdot l_{ch}}{L \left(\int_0^t i^2(t)\mathrm{d}t \right)^{1/2}} \right) \dfrac{\mathrm{d}i(t)}{\mathrm{d}t} - \dfrac{i(t)}{LC} \\[5mm] \dfrac{\mathrm{d}P(t)}{\mathrm{d}t} = \dfrac{\gamma-1}{V(t)} \left[\dfrac{K_{ch} l_{ch} i^2(t)}{\left(\int_0^t i^2(t)\mathrm{d}t \right)^{1/2}} - \dfrac{\gamma P(t)}{\gamma-1} \dfrac{\mathrm{d}V(t)}{\mathrm{d}t} \right] \\[5mm] \dfrac{\mathrm{d}V(t)}{\mathrm{d}t} = \left(\dfrac{n\pi l_{ch}}{\rho} \right)^{1/2} \psi^{1/2} \left[(P(t)+\psi)^{\frac{n-1}{2n}} - \psi^{\frac{n-1}{2n}} \right] \end{cases}$$

(5.28)

其中,

$$\begin{cases} i(t) = y_1 \\[2mm] \dfrac{\mathrm{d}i(t)}{\mathrm{d}t} = y_2 \\[2mm] \int_0^t i^2(t)\mathrm{d}t = y_3 \\[2mm] P(t) = y_4 \\[2mm] V(t) = y_5 \end{cases}$$

(5.29)

联立式(5.28)和式(5.29),可以得到:

$$\begin{cases} \dfrac{\mathrm{d}y_1}{\mathrm{d}t} = y_2 \\[3mm] \dfrac{\mathrm{d}y_2}{\mathrm{d}t} = \dfrac{K_{ch} \cdot l_{ch}}{2L} y_1^3 y_3^{-3/2} - \dfrac{R_z}{L} - \dfrac{K_{ch} \cdot l_{ch}}{L} y_2 y_3^{-1/2} - \dfrac{y_1}{LC} \\[3mm] \dfrac{\mathrm{d}y_3}{\mathrm{d}t} = y_1^2 \\[3mm] \dfrac{\mathrm{d}y_4}{\mathrm{d}t} = \dfrac{\gamma-1}{y_5} \left[K_{ch} l_{ch} y_1^2 y_3^{-1/2} - \dfrac{\gamma}{\gamma-1} y_4 \dfrac{\mathrm{d}y_5}{\mathrm{d}t} \right] \\[3mm] \dfrac{\mathrm{d}y_5}{\mathrm{d}t} = \left(\dfrac{n\pi l_{ch}}{\rho} \right)^{1/2} \psi^{1/2} \left[(y_4+\psi)^{\frac{n-1}{2n}} - \psi^{\frac{n-1}{2n}} \right] \end{cases} \tag{5.30}$$

初始条件为:

$$\begin{cases} y_1(0) = 0 \\[3mm] y_2(0) = \dfrac{U_0}{L} \\[3mm] y_3(0) = 0 \\[3mm] y_4(0) = 0 \\[3mm] y_5(0) = \pi r_{ch}^2 l_{ch} \end{cases} \tag{5.31}$$

式(5.30)和式(5.31)是描述放电电路和等离子体通道的时域常微分方程组(ODEs),可以通过龙格-库塔方法求解。通过求解上述方程,可以获得电流、电压、冲击波压力和等离子体通道膨胀的时间曲线。

随后,冲击波压力的计算结果被施加于钻孔边界,作为电脉冲阶段的应力边界条件:

$$-\mathbf{N} \cdot \sigma = P(t), \text{当}\ \partial \Gamma_{int} \text{为}(0,T]\text{时} \tag{5.32}$$

式中,$\mathbf{N}$ 为法向张量;Γ_{int} 为高压电脉冲作用边界。

岩层的外边界被设定为低反射边界,该边界条件广泛应用于模拟远场爆炸和振动。此外,为了模拟初试地应力场,外边界条件给定如下。

$$\begin{cases} -\mathbf{N} \cdot \sigma = \boldsymbol{\sigma}_0, \text{当}\ \partial \Gamma_{ext} \text{为}(0,T]\text{时} \\[2mm] -\mathbf{N} \cdot p = \boldsymbol{p}_0, \text{当}\ \partial \Gamma_{ext} \text{为}(0,T]\text{时} \end{cases} \tag{5.33}$$

式中,$\boldsymbol{\sigma}_0$ 和 $\boldsymbol{p}_0$ 分别为初始地应力张量和孔压。

对于水力压裂阶段,流体注入边界由流体通量表示:

$$-\mathbf{N} \cdot \mathbf{U} = q, \text{当}\ \partial \Gamma_{int} \text{为}(0,T]\text{时} \tag{5.34}$$

式中,$\mathbf{U}$ 为 Γ_{int} 边界上的流体流速;q 为流体注入边界上的流体通量。

储层被考虑为一个二维矩形域,通过推导渗流-应力耦合控制方程的弱形式进行数值离散化。对于电脉冲阶段,数值模型的弱形式被写作:

$$\begin{cases} -\int_{\Omega}\left[(\boldsymbol{\sigma}'-\alpha p\boldsymbol{I}):\delta\boldsymbol{\varepsilon}\right]\mathrm{d}\Omega-\int_{\Omega}\rho\frac{\partial^2 u}{\partial t^2}\delta u\,\mathrm{d}\Omega+\int_{\Omega}b_{\mathrm{v}}\delta u\,\mathrm{d}\Omega+\int_{\Gamma_{\mathrm{int}}}P(t)\delta u\,\mathrm{d}\Gamma_{\mathrm{int}}=0 \\ \int_{\Omega}\rho S\frac{\partial^2 u}{\partial t^2}\mathrm{d}\Omega+\int_{\Omega}\rho\frac{k}{\mu}\nabla p\cdot\nabla(\delta p)\mathrm{d}\Omega+\int_{\Omega}(1-\lambda)\rho\alpha\frac{\partial\varepsilon_{\mathrm{v}}}{\partial t}\mathrm{d}\Omega-\int_{\Omega}Q\delta p\,\mathrm{d}\Omega=0 \end{cases}$$

$$(5.35)$$

式中，δu 和 δp 分别为节点的位移变分和流体压力变分。对于损伤节点，满足储水系数 $S=S_{\mathrm{f}}$、渗透率 $k=k_{\mathrm{f}}$、孔隙率为 1。对于未损伤节点，储水系数 $S=S_{\mathrm{m}}$、渗透率 $k=k_{\mathrm{p}}$、孔隙率为 $\phi=\phi_{\mathrm{p}}$。

对于水力压裂阶段，数值模型的弱形式可以写作：

$$\begin{cases} -\int_{\Omega}\left[(\boldsymbol{\sigma}'-\alpha p\boldsymbol{I}):\delta\boldsymbol{\varepsilon}\right]\mathrm{d}\Omega+\int_{\Omega}b_{\mathrm{v}}\delta u\,\mathrm{d}\Omega+\int_{\Gamma_{\mathrm{int}}}f\delta u\,\mathrm{d}\Gamma_{\mathrm{int}}=0 \\ \int_{\Omega}\rho S\frac{\partial^2 u}{\partial t^2}\mathrm{d}\Omega+\int_{\Omega}\rho\frac{k}{\mu}\nabla p\cdot\nabla(\delta p)\mathrm{d}\Omega-\int_{\Omega}Q\delta p\,\mathrm{d}\Omega \\ +\int_{\Omega}(1-\lambda)\rho\alpha\frac{\partial\varepsilon_{\mathrm{v}}}{\partial t}\delta p\,\mathrm{d}\Omega-\int_{\Gamma_{\mathrm{int}}}q\delta p\,\mathrm{d}\Gamma_{\mathrm{int}}=0 \end{cases}$$

$$(5.36)$$

式中，f 为加载损伤函数。

应力场和渗流场的单元值可以定义为：

$$u=\sum_i^n N_i u_i,\quad p=\sum_i^n N_i p_i \tag{5.37}$$

式中，n 为节点数；N_i 为节点形函数。

应力场和渗流场的节点梯度可以写作：

$$\varepsilon=\sum_i^n \boldsymbol{B}_i^u u_i,\quad \nabla p=\sum_i^n \boldsymbol{B}_i^p p_i \tag{5.38}$$

式中，$\boldsymbol{B}_i^u$ 和 $\boldsymbol{B}_i^p$ 分别为包含形状函数导数的系数矩阵。

$\boldsymbol{B}_i^u$ 和 $\boldsymbol{B}_i^p$ 可以写作：

$$\boldsymbol{B}_i^u=\begin{bmatrix} N_{i,x} & 0 \\ 0 & N_{i,y} \\ N_{i,y} & N_{i,x} \end{bmatrix},\quad \boldsymbol{B}_i^p=\begin{bmatrix} N_{i,x} \\ N_{i,y} \end{bmatrix} \tag{5.39}$$

将试函数和相关试函数代入式(5.35)，对于高压电脉冲阶段，系统满足以下方程：

$$\begin{cases} \boldsymbol{R}_i^u=\boldsymbol{F}_i^{u,\mathrm{ext}}-\boldsymbol{F}_i^{u,\mathrm{int}}-\boldsymbol{F}_i^{u,\mathrm{ine}} \\ \boldsymbol{R}_i^p=\boldsymbol{F}_i^{p,\mathrm{ext}}-\boldsymbol{F}_i^{p,\mathrm{int}}-\boldsymbol{F}_i^{p,\mathrm{vis}} \end{cases} \tag{5.40}$$

式中，$\boldsymbol{R}_i^u$ 和 $\boldsymbol{R}_i^p$ 分别为应力场和渗流场残差；$\boldsymbol{F}_i^{u,\mathrm{ext}}$ 为应力场外力张量，$\boldsymbol{F}_i^{u,\mathrm{int}}$ 为应力场内力张量，$\boldsymbol{F}_i^{u,\mathrm{ine}}$ 为应力场惯性力张量，$\boldsymbol{F}_i^{p,\mathrm{int}}$ 为渗流场内力张量，$\boldsymbol{F}_i^{p,\mathrm{vis}}$ 为渗流场黏滞力张量，$\boldsymbol{F}_i^{p,\mathrm{ext}}$ 为渗流场外力张量，可以写作：

$$
\begin{cases}
\boldsymbol{F}_i^{u,\,\mathrm{ext}} = \int_\Omega N_i b_v \mathrm{d}\Omega + \int_\Omega [\boldsymbol{B}_i^u]^\mathrm{T} \alpha p \boldsymbol{I} \mathrm{d}\Omega + \int_{\Gamma_{\mathrm{int}}} P(t) \delta u \mathrm{d}\Gamma_{\mathrm{int}} \\[2mm]
\boldsymbol{F}_i^{u,\,\mathrm{int}} = \int_\Omega [\boldsymbol{B}_i^u]^\mathrm{T} \boldsymbol{\sigma}' \mathrm{d}\Omega \\[2mm]
\boldsymbol{F}_i^{u,\,\mathrm{ine}} = \int_\Omega N_i \rho \dfrac{\partial^2 u}{\partial t^2} \mathrm{d}\Omega \\[2mm]
\boldsymbol{F}_i^{p,\,\mathrm{int}} = \int_\Omega [N_i^p]^\mathrm{T} \dfrac{\rho k}{\mu} \nabla p \mathrm{d}\Omega \\[2mm]
\boldsymbol{F}_i^{p,\,\mathrm{vis}} = \int_\Omega N_i \rho S \dfrac{\partial p}{\partial t} \mathrm{d}\Omega \\[2mm]
\boldsymbol{F}_i^{p,\,\mathrm{ext}} = \int_\Omega N_i Q \mathrm{d}\Omega - \int_\Omega N_i (1-\lambda)\rho\alpha \dfrac{\partial \varepsilon_v}{\partial t^2} \mathrm{d}\Omega
\end{cases}
\tag{5.41}
$$

水力压裂阶段可以考虑为准静态系统,式(5.36)的残差可以写作:

$$
\begin{cases}
\boldsymbol{R}_i^u = \boldsymbol{F}_i^{u,\,\mathrm{ext}} - \boldsymbol{F}_i^{u,\,\mathrm{int}} \\[2mm]
\boldsymbol{R}_i^p = \boldsymbol{F}_i^{p,\,\mathrm{ext}} - \boldsymbol{F}_i^{p,\,\mathrm{int}} - \boldsymbol{F}_i^{p,\,\mathrm{vis}}
\end{cases}
\tag{5.42}
$$

式中,

$$
\begin{cases}
\boldsymbol{F}_i^{u,\,\mathrm{ext}} = \int_\Omega N_i b_v \mathrm{d}\Omega + \int_\Omega [\boldsymbol{B}_i^u]^\mathrm{T} \alpha p \boldsymbol{I} \mathrm{d}\Omega + \int_{\Gamma_{\mathrm{int}}} N_i f \mathrm{d}\Gamma_{\mathrm{int}} \\[2mm]
\boldsymbol{F}_i^{u,\,\mathrm{int}} = \int_\Omega [\boldsymbol{B}_i^u]^\mathrm{T} \boldsymbol{\sigma}' \mathrm{d}\Omega \\[2mm]
\boldsymbol{F}_i^{p,\,\mathrm{int}} = \int_\Omega [\boldsymbol{B}_i^p]^\mathrm{T} \dfrac{\rho k}{\mu} \nabla p \mathrm{d}\Omega \\[2mm]
\boldsymbol{F}_i^{p,\,\mathrm{vis}} = \int_\Omega N_i \rho S \dfrac{\partial p}{\partial t} \mathrm{d}\Omega \\[2mm]
\boldsymbol{F}_i^{p,\,\mathrm{ext}} = \int_\Omega N_i Q \mathrm{d}\Omega - \int_\Omega N_i (1-\lambda)\rho\alpha \dfrac{\partial \varepsilon_v}{\partial t^2} \mathrm{d}\Omega + \int_{\Gamma_{\mathrm{int}}} N_i q \mathrm{d}\Gamma_{\mathrm{int}}
\end{cases}
\tag{5.43}
$$

本书应用交错顺序迭代方法进行数值求解以提高数值稳定性[95],采用 Newton-Raphson 迭代满足残差 $\boldsymbol{R}_i^u = 0$ 和 $\boldsymbol{R}_i^p = 0$。

5.2.2 几何模型和求解流程

如图 5.2 所示,建立了一个边长 $L = 10\ \mathrm{m}$ 的二维方形岩石几何域,几何中心位置设置了一个高压电脉冲钻孔,半径为 3 mm。原位应力 S_H 和 S_h 分别施加在右侧边界和上侧边界。左侧边界和下侧边界约束法向位移。岩石的抗拉强度 f_t 服从 $m = 5$ 的 Weibull 概率分布。

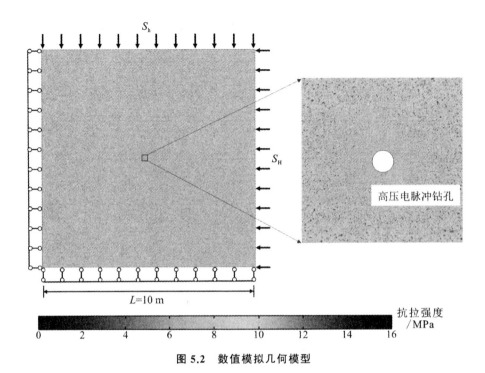

图 5.2　数值模拟几何模型

如图 5.3 所示,高压电脉冲-水力压裂联合破岩模拟过程包含五个主要阶段。第一阶段,输入放电装置初始放电电压 U_0 和电容 C 模拟高压电脉冲等效电路。第二阶段,通过得到的电路(电流-电压)时程曲线联合等离子体通道模型计算高压电脉冲产生的冲击波压力。第三阶段,考虑到原位应力场和初始孔隙压力,模拟了岩层的初始地应力平衡状态。第四阶段,将第二阶段得到的冲击波压力施加在第三阶段的岩层中。第五阶段,电脉冲之后,将流体以 $q = 1 \times 10^{-5}$ m²/s 的速率注入电冲击钻孔中,持续时间为 1 h。需要注意的是,在高压电脉冲后,只有岩层的损伤、水力特性和不可逆的力学特性被传递给水力压裂阶段。由高压电脉冲引起的远场弹性波、弹性应力、弹性应变和其他可逆的力学特性演化被忽略。也就是说,当岩层在高压电脉冲达到稳定后,才进行注水压裂的模拟。

在高压电脉冲阶段,几何外边界被设置为低反射边界,以模拟天然地层同时避免边界反射波的干扰。在水力压裂阶段,对岩层施加水平原位应力 S_H 和竖向原位应力 S_h,按 x 和 y 方向正交施加在几何域上,初始孔隙压力设置为 p_0。表 5.1 中列出了高压电脉冲放电装置、等离子体放电通道、岩石基质和流体的计算参数。本章采用非结构化网格对模型进行空间离散,在电冲击钻孔周围进行局部网格加密。

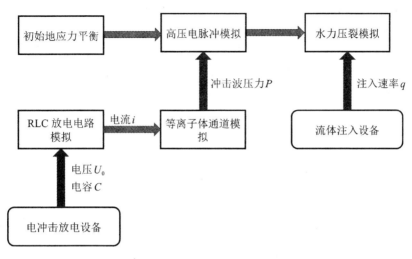

图 5.3 高压电脉冲-水力压裂联合破岩模拟过程

表 5.1 放电装置、岩石力学、电学参数及水力学参数

参数	取值	参数	取值
放电电压 U_0	80 kV	弹性模量 E	35 GPa
电容 C	5 μF	密度 ρ	2700 kg/m³
电感 L	5 μH	残余强度比 η	0.1
电路电阻 R_z	1 Ω	泊松比 μ	0.2
火花常数 K_{ch}	611 V·s$^{1/2}$·m^{-1}	初始孔隙率 φ_0	0.01
初始通道半径 r_0	0.5 mm	残余孔隙率 φ_r	0.001
比热比 γ	1.1	初始渗透率 k_0	5×10^{-18} m²
体积常数 ψ	8.5 GPa	Biot 系数 α	0.5
放电通道长度 l_{ch}	60 mm	内摩擦角 τ	35°
材料系数 n	4	流体密度 ρ_w	930 kg/m³
抗拉强度 f_t	18 MPa	动力黏度 μ_w	1.5×10^{-4} Pa·s
抗压强度 f_c	240 MPa	压缩系数 c_w	4.4×10^{-10} Pa^{-1}

RLC 电路模型和等离子体通道模型是由常微分方程系统（ODEs）构成，本章使用龙格-库塔方法求解，该方法适用于此类非刚性方程问题。图 5.4 描述了本章构建的渗流-应力-损伤数值模型的耦合关系，包含内部存储模块，力学模块、渗流模块

以及损伤模块。内部存储模块保存了从力学模块获得的数据,例如,主应力的大小和方向、等效拉伸应力和等效剪切应力等。在此基础上,存储模块进一步计算了拉伸-剪切损伤因子,并将其导入损伤模型模块。随后,损伤模型更新力学模块中的应力和损伤分布以及渗流模块中的水力学参数(孔隙率、渗透率、储水系数等)。最后,对力学模块和渗流模块进行耦合求解。

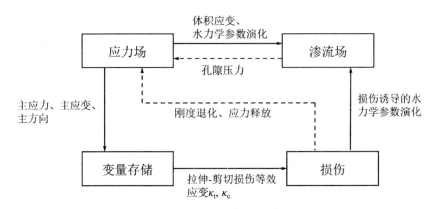

图 5.4　渗流-应力-损伤数值模型的耦合关系

图 5.5 介绍了本章交错顺序迭代方法,以应用于求解该耦合模型。在交错时间积分求解方法中,运动-平衡微分方程和渗流微分方程在单个时步内进行了全耦合求解。随后,通过计算主应力和主方向来解决拉伸损伤因子 ω_t 和压缩损伤因子 ω_c。本章使用具有无条件稳定性的隐式向后差分算法(BDF)对时域进行离散[96]。

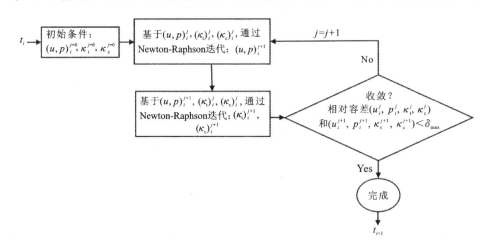

图 5.5　模型单个时间步内的迭代求解策略

当时间步长为 t_i 时，前一时步的解为后一步首先提供了初始条件 $[(u,p)_i^{j=0},(\kappa_t^{j=0})_i,(\kappa_c^{j=0})_i]$，本章使用 Newton-Raphson 方法来解决每个迭代步的运算。对于迭代步骤 $j+1$，节点张量 $(u,p)_i^{j+1}$ 可以由前一个迭代步 j 的 $[(u,p)_i^j,\kappa_t^j,\kappa_c^j]$ 计算结果进一步运算得到。在更新节点数值的基础上，对等效压剪应变 $\widetilde{\varepsilon}_c$ 和等效拉伸应变 $\widetilde{\varepsilon}_t$ 进行更新。本章设置容差 $\delta_{max}=1\times10^{-3}$。对于每个时间步 t_i，重复执行迭代直到满足 $\delta<\delta_{max}$ 条件。基于上述计算策略，每个时间步的解都可以由满足容差条件的迭代获得。

5.3 高压电脉冲-水力压裂联合破岩模型验证

在对高压电脉冲-水力压裂联合破岩数值模拟进行分析之前，有必要对提出的数值模拟方法和数值模型展开验证。在前文中，本书对高压电脉冲破岩等效电路、冲击波压力以及最终裂缝扩展长度分别通过与以往研究的数值模拟、室内试验以及本书提出的解析方法对比，充分验证了本书电路模型和冲击波压力模型的有效性。本节进一步对提出的拉伸-剪切混合损伤模型、高压电脉冲破岩模型以及水力压裂模型展开验证，包括单轴和预裂缝的单轴压缩模拟、岩石高压电脉冲破岩模拟，以及平面应变条件下的水力压裂裂缝拓展（KGD 模型）模拟。

5.3.1 单轴压缩和含预裂缝的单轴压缩模拟

对于高压电脉冲阶段的冲击波可以看作动态载荷，从钻孔近区到远区爆轰波分别由压缩波、剪切波并逐渐过渡到拉伸波。在冲击近区，高压电脉冲对岩石的破坏可分为压缩损伤和剪切损伤。在冲击远区，高压电脉冲对岩层的破坏主要表现为径向主拉伸裂缝（拉伸损伤）。对于水力压裂阶段，流体压力可以被认为是一种准静态载荷。因此，本书有必要对完整岩石试样和预裂缝岩石试样分别展开实验室尺寸的无侧限单轴压缩模拟，以验证本书所提出的数值模型能否解决拉伸-剪切混合破坏问题。图 5.6 描述了试样几何模型和边界条件，两个试样的底部受到竖向和水平向约束，对试样顶部实施 0.001 mm/步的竖向向下位移加载。

图 5.7 为完整岩石试样在单轴压缩下的力学特性演化规律。岩石材料属性设置初始杨氏模量、单轴抗压强度和泊松比分别为 63.1 GPa、658.2 MPa 和 0.25，均匀性指数 m 设置为 2.2。需要说明的是，设定的单轴抗压强度是在单元尺度上的数据，其代表概率分布的平均值而非整个试样宏观层面的材料属性，如图 5.7(a) 所示。图 5.7(e) 提供的单轴应力-应变数据远低于设置的单轴强度，这是因为岩石的整体失稳破坏形成的贯通面只发生在图 5.7(a) 构建的薄弱位置，即岩石破坏是由细观损伤积累而引发宏观失稳的跨尺度渐进式失效过程。考虑到材料的空间异质

性,有限元单元强度和试样强度之间的数据不统一。从图 5.7(b)中可以看出,岩石试样沿着 $45°+\tau/2$ 的角度发生剪切破坏。图 5.7(d)和图 5.7(e)将提出的模型与室内实验[97]和 RFPA 软件[98]的单轴应力-变形结果对比,发现本章模型的失效模式和应力-应变关系与以往研究结果吻合较好[97,98],因此本章所提出的数值模型能够有效地反映岩石剪切破坏模式。

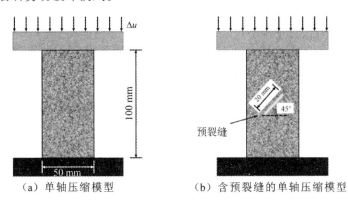

（a）单轴压缩模型　　　　（b）含预裂缝的单轴压缩模型

图 5.6　加载模型

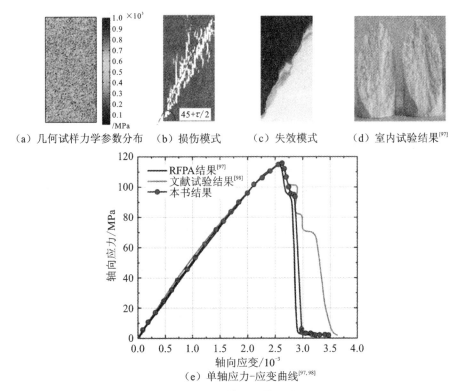

（a）几何试样力学参数分布　（b）损伤模式　（c）失效模式　（d）室内试验结果[97]

（e）单轴应力-应变曲线[97,98]

图 5.7　岩石单轴压缩模拟结果

对于预裂缝的单轴压缩试验模拟,试样弹性模量、单轴抗拉强度、单轴抗压强度和泊松比分别设置为 35 GPa、10 MPa、350 MPa 和 0.25。图 5.8 描述单轴压缩下含预裂缝岩石试样裂缝演化和位移。在初始时刻(0 步),岩石试样未发生损伤且没有变形。当位移加载至 20 步时,翼形拉伸裂缝在预裂缝尖端沿最大主应力方向拓展。随后,继续朝向最大主应力方向发展。从图中可以看出,剪切裂缝在 60 步时从预裂缝的一端萌生。值得注意的是,受异质性影响,剪切裂缝发展不具有对称性。最后(80 步),岩石试样形成剪切贯通面并最终发生剪切失稳破坏。从图中看出,由于岩石材料抗拉强度远低于抗压强度,拉伸裂缝首先开始沿最大主应力方向拓展。图 5.8(b)显示,岩石最终发生剪切破坏并丧失承载能力。这个实验室尺度的模拟及现象与以往研究结果一致[99],表明所提出的力学模型能够有效地反映岩石在拉伸-剪切混合损伤下的破坏模式。

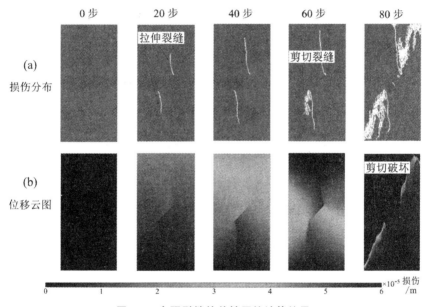

图 5.8   含预裂缝的单轴压缩计算结果

5.3.2   高压电脉冲数值试验模拟

为了进一步验证本书数值方法的适用性,本节将之前提出的模型应用于高压电脉冲破岩模拟并与室内试验结果进行对比验证。如图 5.9(a)所示,首先建立了一个由边长 200 mm 的方形和半径 3 mm 的电冲击钻孔几何域。同时,材料基本参数选取与文献[101]相同,材料抗拉强度和抗压强度分布服从 $m=2$ 的 Weibull 分布。

图 5.9(b)展示了高压电脉冲下岩石在 40 μs、80 μs、120 μs 和 160 μs 的裂缝演

化过程。在电冲击附近观察到孔洞发生扩张和局部剪切损伤,该处损伤受其抗剪强度控制。在压剪损伤区域外侧产生了一系列径向拉伸裂缝。图 5.9(c)中记录了高压电脉冲作用下岩石破坏的室内实验结果,岩石介质内的流体来自文献试验,以流体作为承压介质,通过具有一定压缩性的流体将电脉冲产生的冲击波传递至岩石内部,以实现更均匀的压力分布和更优的破碎效果。图 5.9(b)、(c)表明,之前提出的数值模型可以有效模拟高压电脉冲作用下岩石失效过程。

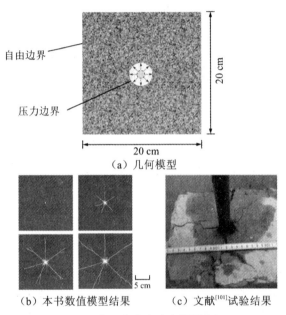

（a）几何模型

（b）本书数值模型结果　　　（c）文献[101]试验结果

图 5.9　高压电脉冲破岩模型验证

5.3.3　水力压裂数值试验模拟

本节将建立的渗流-应力-损伤耦合模型应用于二维水力裂缝传播问题(KGD模型),并与解析解进行对比验证。图 5.10 描述了二维水力压裂问题的概念模型。地层基本参数选自表 5.1。岩层设置水平围压为 $S_H = 5$ MPa,竖向围压为 $S_h = 1$ MPa,初始孔隙压力为 $p_0 = 1$ MPa。模型中水力裂缝拓展长度的解析解由 Fu 等[100]给出:

$$l_w = \pi^{-1/3} \left(\frac{qE't}{K_{IC}} \right)^{2/3} \tag{5.44}$$

式中,l_w 为水力裂缝长度的半值;q 为流体注入速率;E' 为平面应变条件下的弹性模量,$E' = E/(1-\mu^2)$;t 为时间变量;K_{IC} 为 Ⅰ 型断裂模式的断裂韧性,由文献[102]中 $f_t = 6.88K_{IC}$ 的经验关系计算得出。

在系统达到初始平衡状态后,以 $q = 1 \times 10^{-4}$ m²/s 的速率在中心位置注入流体。在注入阶段,水力裂缝沿最大主应力方向拓展。如图 5.10(b)所示,数值模拟和解析解关于水力裂缝拓展长度的时程关系匹配较好。

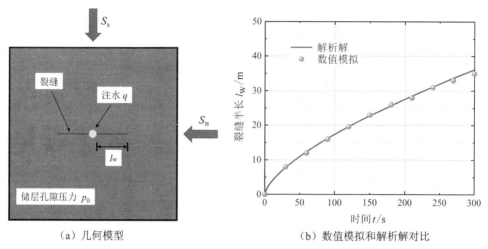

（a）几何模型　　　　　　　　　　（b）数值模拟和解析解对比

图 5.10　水力压裂模型验证

5.4　模型结果分析

5.4.1　高压电脉冲破岩及其水力学参数演化模拟

利用表 5.1 中列出的参数值,应用提出的模型来研究高压电脉冲作用下的岩石破坏过程及其裂缝发展规律和水力学特性演化。图 5.11 首先模拟了高压电脉冲的放电过程,图中描述了在 80 kV 电压和 5 μF 电容的放电装置作用下,等离子体放电通道内电流和电压的时程曲线。可以看出,岩石在大约 0.5 μs 时被击穿。放电电压在 30 μs 内从 80 kV 迅速下降为 0,电能在大约 30 μs 内完全释放。电流峰值达到约 32 kA,并在约 40 μs 时逐渐降至零,由于电感作用电流在 30~40 μs 内变为负值。图 5.11(b)显示了冲击波压力和放电等离子体通道半径随时间 t 的变化规律,可以发现,通道半径与时间 $t^{1/2}$ 近似成正比。冲击波压力在约 10 μs 达到峰值约 1.3 GPa,随着时间推移冲击波压力逐渐下降。

在对冲击波压力进行分析后,本节进一步探究了高压电脉冲作用下的岩石损伤发展过程。首先,模拟地层在围压和流体压力共同作用下的自然稳定状态。同时,边界被设置为低反射边界,以避免边界反射波的干扰。图 5.12 描述了岩石在高

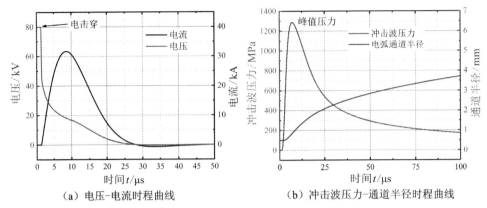

(a) 电压-电流时程曲线   (b) 冲击波压力-通道半径时程曲线

图 5.11　高压电脉冲破碎岩石冲击波压力验证

压电脉冲作用下的破坏过程以及损伤和裂缝的时空发展规律。图 5.12 给出了电冲击钻孔近区(半径 2 m)的损伤分布图像,以更精确地观察裂缝的发展过程。从图中可以明显看出,在 50 μs 时,高压电脉冲钻孔附近首先出现了圆形损伤区域,并在外侧产生了多条致密短裂缝。圆形损伤区主要是由压缩-剪切混合损伤诱导产生,外侧的致密裂缝主要由拉伸-剪切混合损伤引起。随后,从该图中可以看出,冲击载荷诱导的径向裂缝和圆形损伤区持续扩张(100 μs)。在大约 150 μs 时,压缩-剪切破坏区和径向拉伸裂缝开始沿着最大主应力方向发展,该现象可能是由于冲击波压力随着时间逐渐扩散和减弱,岩层由受动态载荷作用过渡至受准静态载荷作用,此时原位应力场进一步诱导裂缝和圆形损伤区沿最大主应力方向出现各向异性发展。事实上,高压电脉冲作用下的裂缝和损伤的发展不完全由冲击波控制,还受准静态作用和围压影响。随着时间的推移,裂缝的各向异性发展更加明显。如图 5.12(e)所示,水平方向裂缝的最终发展长度约为 60 cm,竖向裂缝最终延伸长度约为 25 cm。200 μs 后,裂缝和损伤随时间的变化不明显。

　　如图 5.13 所示,本节进一步分析高压电脉冲后岩层的力学及水力学特性演化规律。为了便于观察,图中给出的绘图边长为 4 m 的矩形,高压电脉冲在矩形中心处进行。图 5.13(a)显示,在电脉冲作用后,损伤区域的渗透率增加至大约原有渗透率的 1000 倍。未损伤区域的渗透率约为 1×10^{-17} m²,损坏区域的渗透率约为 1×10^{-14} m²。同时,从图 5.13(b)中可以看出,损伤区域岩层的孔隙率发生了数倍变化,但影响较小,这是因为原位应力场和孔隙压力同时制约孔隙率的演变。岩层中损伤区域的抗拉强度[图 5.13(c)]在高压电脉冲作用后发生了显著变化,受损区域丧失强度和承载力,为后续的水力压裂阶段提供了良好的环境。图 5.13(d)描述了岩层的岩层损伤区域的最终分布。从图中可以看到,在圆形压缩-剪切破坏区和拉伸破坏区的外侧存在环形破坏带,这可能是受岩层抗拉强度的异质性影响,一些

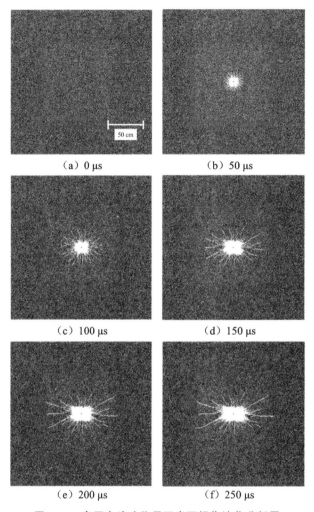

(a) 0 μs　　　　　　　(b) 50 μs

(c) 100 μs　　　　　　(d) 150 μs

(e) 200 μs　　　　　　(f) 250 μs

图 5.12　高压电脉冲作用下岩石损伤演化分析图

强度较低的单元在冲击波压力扩散过程中失效,在工程中常被定义为声发射现象。图 5.13 表明,高压电脉冲可以对岩层进行预冲击,致使地层强度降低,出现预裂缝和预损伤,显著改善岩层的力学和水力学性能,为后续水力压裂提供良好环境。

　　为了探究岩层中损伤面积的演化规律,图 5.14 监测了 $0\sim250$ μs 内新增损伤面积和总损伤面积的时程曲线。损伤在大约 5 μs 时开始增长,增长速度在大约 80 μs 时达到最大值,约为 90 m^2/s,随后,损伤面积的增长速率逐渐下降。同时,总损伤面积不断上升,最终达到约 59 cm^2。

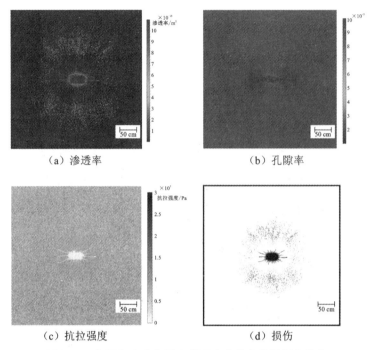

（a）渗透率　　　　　　　　　　　（b）孔隙率

（c）抗拉强度　　　　　　　　　　（d）损伤

图 5.13　高压电脉冲作用下岩石水力学参数及损伤演化

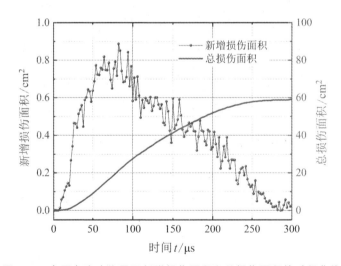

图 5.14　高压电脉冲作用下新增损伤面积和总损伤面积的时程曲线

5.4.2 高压电脉冲后水力压裂破岩模拟

在完成高压电脉冲破岩模拟后,进一步执行水力压裂破岩步骤,在电冲击钻孔中施加流体通量 q 为 0.2 kg/(m² · s)。同时,岩层的初始孔隙压力和围压与上节相同。需要注意的是,只有当高压电脉冲阶段完成后,水力压裂阶段才开始实施,即由高压电脉冲引起的弹性波场、弹性应力和弹性应变在水力压裂阶段被忽略了。这表明在水力压裂阶段不考虑由高压电脉冲引起的弹性应力扰动,只有岩层力学和水力学特性的非弹性应力应变和不可逆变化被传递到流体注入阶段。图 5.15 描述了流体注入阶段孔隙压力和裂缝发展的时空演变规律。在初始时刻($t=0$ s),系统处于平衡状态,由于上一阶段的高压电脉冲作用,岩层存在压剪损伤区和多条径向裂缝。随后在钻孔内注入流体($t=50$ s),储层孔隙压力迅速上升,流体压力集中在预损伤区域,由内向外呈圆形减小。随着更多的流体逐渐注入地层系统($t=100\sim250$ s),较高的流体压力进一步破坏岩层,裂缝沿着最大主应力方向(水平方向)发展,孔隙压力的分布逐渐从圆形转变为椭圆形。流体压力分布受高压电脉冲裂缝和水力裂缝共同制约。因此,可以利用高压电脉冲作为预切割工具,诱导水力裂缝沿最大主应力方向发展。

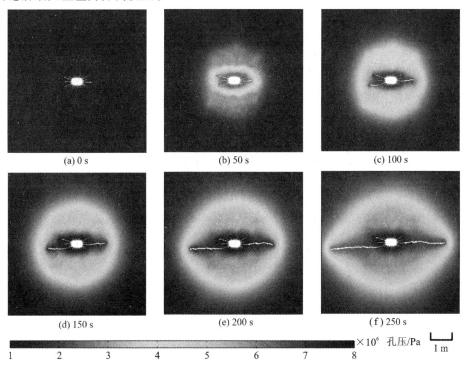

图 5.15 高压电脉冲后水力压裂孔压随时间发展云图

在此基础上,本章评估了岩层在注入流体阶段的力学和水力学特性演化(图5.16)。从图5.16(a)中可以看出,在水力裂缝发展尖端,由于孔隙弹性效应作用,局部出现了不均匀的孔隙率分布。然而,受原位应力场制约,孔隙率的分布变化较小。图5.16(b)显示了流体注入过程中渗透率的分布情况。损伤区域和裂缝发展区域渗透率相较未损伤区域提升了千倍,这与以往文献[103]中实验结果一致。图5.16(c)显示了最大主应力随时间的演变规律。在储层注水压裂未开始时,由于岩层处于压缩状态,没有拉伸应力。随着流体的注入,在预损伤区域的孔隙压力明显增加,并沿着最大主应力方向持续发展。同时,沿最大主应力方向的新生水力裂缝尖端出现拉应力集中。图5.16(d)显示了平均有效压力的分布,受到流体压力影响,有效应力集中在水力压裂损伤区域。

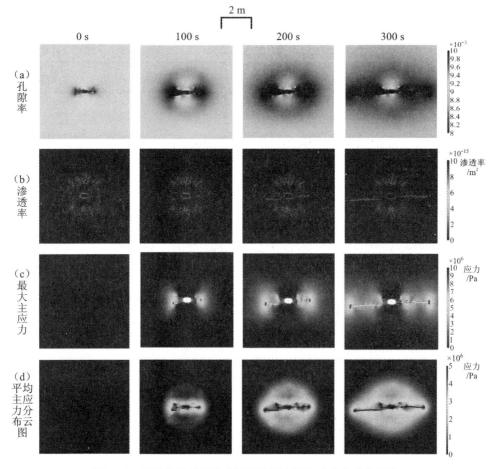

图 5.16 高压电脉冲后水力压裂阶段力学及水力学参数演化

5.4.3 高压电脉冲-水力压裂联合破岩机理分析

本章提出了一个考虑拉伸-剪切耦合效应的渗流-应力耦合模型,该模型能够有效模拟天然地层中高压电脉冲-水力压裂联合作用下的岩层破碎过程,包括流体压力扩散、孔隙弹性效应以及分区破碎和各向异性损伤等。该模型能够准确描述天然地层中复杂地质现象,如应力演变、流体沿损伤区域流动和损伤演化。本章提出的模拟工具能够有效揭示岩层中高压电脉冲及水力压裂作用下的破坏机制。

根据模拟结果,本章得到了高压电脉冲和水力压裂作用下的岩石破坏过程。在电脉冲阶段,高压电脉冲在钻孔近区产生了椭圆形剪切破坏区和多条径向裂缝,为随后的液体注入创造了有利的环境。然而,目前仍不清楚高压电脉冲技术能在多大程度上协助水力压裂破碎岩石。换句话说,有电脉冲协助的水力压裂和没有电脉冲协助的水力压裂之间的岩石破碎效率差异是否显著?

本章评估了无电脉冲和有电脉冲及不同放电参数(放电电容、放电电压)下的岩石损伤面积三维柱状时程图。如图 5.17 所示,在有电脉冲和无电脉冲两种情况下的损伤发展趋势不同。根据 KGD 模型解析解[100],水力裂缝的增长与 $t^{2/3}$ 有关,

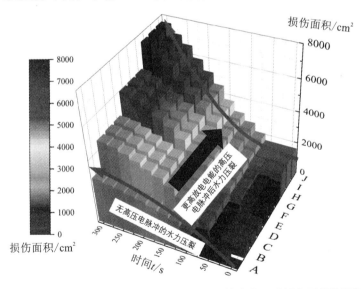

图 5.17 不同放电参数和有无高压电脉冲作用下的水力压裂损伤面积发展规律图

注:A 为无高压电脉冲的水力压裂;B、C、D 分别为 $U=40$ kV,$C=10$ μF、30 μF 和 50 μF 的水力压裂;
E、F、G 分别为 $U=60$ kV,$C=10$ μF、30 μF 和 50 μF 后的水力压裂;H、I、J 分别为 $U=80$ kV,
$C=10$ μF、30 μF 和 50 μF 的水力压裂。

这表明在传统水力压裂过程中,水力裂缝的拓展速率随着时间的推移而逐渐减缓。然而,如图 5.17 所示,在有电脉冲条件下的水力损伤面积随着时间的推移逐渐加快。随着放电电压的增加,高压电脉冲对水力压裂破岩效率的提升作用愈发显著。由于预损伤区域储液系数和渗透性较好,在注入流体的初期阶段(0~100 s),大部分流体进入预损伤区域,而非应用于水力裂缝拓展。此外,以往研究也表明[104-106],随着时间发展,单一的水力压裂使得水力裂缝发展逐渐受到限制,尤其在高强度和低渗透率岩层中更为明显。

此外,本章还总结了在高压电脉冲-水力压裂联合作用下得岩层损伤演化和裂缝拓展规律,如图 5.18 所示。在电冲击孔中岩石未被击穿时,岩石不产生损伤和裂缝[图 5.18(a)];随着时间推移,岩体被击穿并形成高压电脉冲冲击波,并在电脉冲钻孔周围形成一个圆形的破坏损伤区域[图 5.18(b)];随后,多条径向拉伸裂缝在致密剪切裂缝中继续延伸[图 5.18(c)];如图 5.18(d)所示,受远场冲击波压力和围岩压力的准静态作用影响,径向裂缝沿着最大主应力方向持续拓展;在水力压裂阶段,对预破碎地层的钻孔中注入流体,流体压力进入预损伤区域并进一步破碎地层[图 5.18(e)]。

(a)高压电脉冲钻孔

(b) 致密剪切裂缝

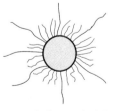

(c) 径向主拉伸裂缝

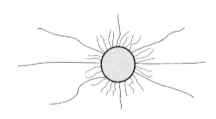

(d) 裂缝受准静态作用和围压
效应沿着最大主应力方向持续拓展

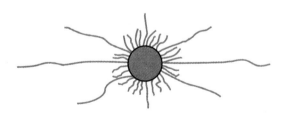

(e) 水力压裂阶段裂缝扩展

图 5.18　高压电脉冲-水力压裂联合破岩概念图

5.5 考虑复杂地质条件下的高压电脉冲-水力压裂联合破岩

5.5.1 复杂地质条件下的联合破岩概念模型

图 5.19 描述了在复杂地质条件下,高压电脉冲-水力压裂联合破岩的概念模型。首先,通过高压电脉冲装置预冲击岩层,天然裂缝与高压电脉冲裂缝连通,形成复杂缝网结构,为后续水力压裂提供良好环境。随后,通过注水装置将流体注入储层,进一步破碎岩层。

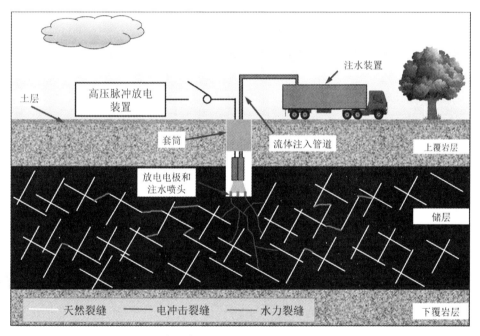

图 5.19 高压电脉冲-水力压裂联合破岩概念模型

在天然地层中,复杂的地质条件往往是影响高压电脉冲及其后续水力压裂联合破岩效果的重要因素。天然地层的原位应力场显著影响地层孔隙率演化、高压电脉冲裂缝拓展规律以及后续水力裂缝扩展规律。材料在细观层面的异质性也会影响非均质地层在高压电脉冲作用下的破岩规律。同样,天然地层的宏观构造会对高压电脉冲冲击波的传播起到重要影响作用,冲击波压力在天然裂缝面会形成反射波和透射波,这种反射波会诱导天然裂缝进一步破坏,而透射波会进一步传播发展。此外,在水力压裂阶段,水力裂缝在沟通天然裂缝时,会将在围压作用下的闭合天然裂缝再次激活,随着流体压力的持续注入,水力裂缝在天然裂缝面和天然裂缝尖端可能形成穿透型裂缝和翼型裂缝,同时,天然裂缝的存在也可能抑制水力裂缝的发展[107]。总之,天然裂缝的张开/闭合位移、剪切滑移、剪切膨胀、单边效应等因素共同制约和影响着高压电脉冲冲击波的传播和裂缝扩展规律以及后续水力压裂阶段的水力裂缝发展规律。

5.5.2 复杂地质条件下的联合破岩数学模型

关于高压电脉冲放电电路模块、等离子体通道扩张力学模块、储层和电脉冲裂缝及水力裂缝渗流-应力耦合关系的建立和求解在第 2 章及第 3 章中已详细阐明,本节不再赘述。本节重点介绍复杂地质条件下天然裂缝中的渗流-应力耦合模型。

对于岩石基质,高压电脉冲产生的电脉冲裂缝和水力压裂产生的水力裂缝及其力学性状演化满足第 3 章中的弹脆性本构关系,式(5.5)~式(5.17)详细描述了其演化规律。对于天然裂缝,其应力变形满足如下关系:

$$\begin{bmatrix} \sigma'_n \\ \sigma'_s \end{bmatrix} = \begin{bmatrix} K_{nn} & K_{ns} \\ K_{sn} & K_{ss} \end{bmatrix} \begin{bmatrix} \delta_n \\ \delta_s \end{bmatrix} \tag{5.45}$$

式中,σ'_n 和 σ'_s 分别为裂缝面有效法向应力和有效剪切应力;K_{nn}、K_{ns}、K_{sn}、K_{ss} 为裂缝面劲度系数;δ_n 和 δ_s 分别为裂缝面法向形变和剪切形变,可以写作:

$$\begin{cases} \delta_n = (u_{n1} - u_{n2}) \cdot \boldsymbol{N} \\ \delta_s = (u_{s1} - u_{s2}) \cdot \boldsymbol{S} \end{cases} \tag{5.46}$$

式中,u_{n1} 和 u_{n2} 分别为裂缝面法向位移;u_{s1} 和 u_{s2} 分别为裂缝面切向位移;$\boldsymbol{N}$ 和 $\boldsymbol{S}$ 分别为法向方向向量和切向方向向量。

为了避免天然裂缝面的非真实接触,即裂缝面接触位移为负,法向刚度应满足以下非线性运算法则[108]:

$$K_{nn} = \frac{\partial \sigma'_n}{\partial \delta_n} = \frac{(K_{n0} v_m - \sigma'_n)}{K_{n0} v_m^2} \tag{5.47}$$

式中,v_m 为裂缝面最大闭合量;K_{n0} 为初始法向刚度。

天然裂缝剪切行为满足库伦滑移准则[109]:

$$\sigma'_s = \begin{cases} K_{ss} \delta_s, & \delta_s < \delta_p \\ \sigma'_p, & \delta_s > \delta_p \end{cases} \tag{5.48}$$

式中,σ'_p 和 δ_p 分别为临界剪切应力和临界剪切位移。

σ'_p 和 δ_p 满足如下计算规则[109,110]:

$$\begin{cases} \sigma'_p = \sigma'_n \cdot \tan\theta_f \\ \delta_p = \sigma'_p / K_{ss} \end{cases} \tag{5.49}$$

式中，θ_f 为天然裂缝摩擦角。

天然裂缝面剪切滑移产生的裂缝面膨胀可以表示为[109]：

$$\delta_{ns} = \begin{cases} \delta_r \tan\theta_d, & \delta_p < \delta_s < \delta_r \\ 0, & \text{else} \end{cases} \tag{5.50}$$

式中，θ_d 为天然裂缝膨胀角；δ_r 为残余剪切位移。除剪切膨胀外，本章不考虑剪切位移与法向位移的耦合项，即 K_{ns} 和 K_{sn} 均为 0。

对于岩层基质和高压电脉冲裂缝及水力裂缝，其控制方程和参数演化均满足第 3 章渗流数学模型，即满足式（5.18）～式（5.27）。对于天然裂缝，同样服从质量守恒定律：

$$\frac{\partial(\phi_n\rho_w)}{\partial t} + \nabla \cdot (\rho_w U_n) = Q_n \tag{5.51}$$

式中，ϕ_n 为天然裂缝孔隙率；Q_n 为质量源项；U_n 为天然裂缝流量。

天然裂缝流量 U_n 满足：

$$U_n = -\frac{k_n}{\mu_w}\nabla p \tag{5.52}$$

式中，μ_w 为动力黏度；k_n 为天然裂缝渗透率。

天然裂缝渗透率 k_n 满足立方定律[110]：

$$k_n = \frac{b^2}{12} \tag{5.53}$$

式中，b 为天然裂缝孔径。

天然裂缝储水模型可以表示为：

$$\frac{\partial(\rho_w\phi_n)}{\partial t} = \rho_w S_n \frac{\partial p}{\partial t} \tag{5.54}$$

式中，S_n 为天然裂缝储水系数，可以写作[112]：

$$S_n = c_w + \frac{1}{K_{nn}b} \tag{5.55}$$

式中，c_w 为流体压缩系数。

天然裂缝孔径可以由裂缝面张开/闭合位移和剪切膨胀计算[110]：

$$b = \begin{cases} \delta_0 + \delta_n + \delta_{ns}, & \sigma'_n < 0 \\ \delta_0 + w, & \sigma'_n > 0 \end{cases} \tag{5.56}$$

式中，δ_0 为初始孔径，w 为张开位移。

基于上述分析，天然裂缝的渗流控制方程为：

$$\left(c_w\rho_w + \frac{\rho_w}{K_{nn}b}\right)\frac{\partial p}{\partial t} - \frac{\rho_w}{12\mu_w b}\nabla^2 p = Q_n \tag{5.57}$$

5.5.3 考虑拉伸-剪切混合损伤的弹塑性本构关系

对于岩土类材料,在面临高温高压等复杂地质条件时,储层材料不仅表现出显著的应力软化特征(损伤),还表现出显著的塑性特征。在拉伸条件下,岩土材料通常会在达到峰值后发生显著软化。而当岩土材料处于压缩-剪切应力状态下,则会发生明显的指数型硬化,并出现不可恢复的塑性应变和刚度退化。图 5.20 给出了三类不同的岩土体本构模型,包括塑性本构模型、损伤模型以及塑性损伤模型。显然,单元发生破坏后,其抵抗变形能力(刚度)会显著降低,单一的塑性模型难以准确描述岩土材料的刚度演化特征。而岩土材料在达到屈服应力后,会出现不可逆的塑性变形,不考虑塑性应变的损伤模型难以描述在周期或多次载荷作用下的岩土体破坏特征。为此,本节提出了一个拉伸-剪切各向异性的弹塑性本构模型来描述在高压电脉冲-水力压裂联合作用下的力学性状演化规律。

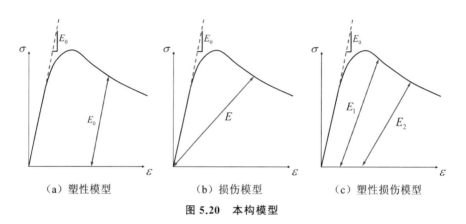

（a）塑性模型　　　　（b）损伤模型　　　　（c）塑性损伤模型

图 5.20　本构模型

对于弹性阶段,岩石材料满足以下运算法则:

$$\begin{cases} \boldsymbol{\sigma}' = \boldsymbol{D} : \boldsymbol{\varepsilon} \\ \boldsymbol{\varepsilon} = \dfrac{[(\nabla \boldsymbol{u})^{\mathrm{T}} + (\nabla \boldsymbol{u})]}{2} \\ \boldsymbol{D} = \boldsymbol{D}(E, \nu) \end{cases} \tag{5.58}$$

考虑到储层的孔隙效应,有效应力可以写作:

$$\boldsymbol{\sigma}' = \boldsymbol{\sigma} + \alpha p \boldsymbol{I} \tag{5.59}$$

此外,有效应力可以通过损伤和塑性应变共同描述为:

$$\boldsymbol{\sigma}' = (\boldsymbol{I} - \boldsymbol{\omega}) : \boldsymbol{D} : (\boldsymbol{\varepsilon} - \boldsymbol{\varepsilon}_{\mathrm{p}}) \tag{5.60}$$

式中,ε_{p} 为塑性应变。即总应变可以由弹性应变和不可恢复的塑性应变组成,可以写作:

$$\varepsilon = \varepsilon_e + \varepsilon_p \tag{5.61}$$

式中，ε_e 为弹性应变。

由此，岩石材料的亥姆霍兹自由能可以由弹性和塑性部分组成：

$$\boldsymbol{\Psi}(\varepsilon_e, \omega_t, \omega_s) = \boldsymbol{\Psi}_e(\varepsilon_e, \omega_t, \omega_s) + \boldsymbol{\Psi}_p(\omega_t, \omega_s, \boldsymbol{\kappa}) \tag{5.62}$$

式中，$\boldsymbol{\kappa}$ 为塑性内变量；$\boldsymbol{\Psi}_e$ 和 $\boldsymbol{\Psi}_p$ 分别为亥姆霍兹自由能的弹性和塑性部分，可以分解为：

$$\begin{aligned}\boldsymbol{\Psi}_e(\varepsilon_e, \omega_t, \omega_s) &= \boldsymbol{\Psi}_{et}(\varepsilon_e, \omega_t) + \boldsymbol{\Psi}_{es}(\varepsilon_e, \omega_s) \\ &= (1 - \omega_t)\boldsymbol{\Psi}_{et}(\varepsilon_e) + (1 - \omega_s)\boldsymbol{\Psi}_{es}(\varepsilon_e)\end{aligned} \tag{5.63}$$

$$\begin{aligned}\boldsymbol{\Psi}_p(\omega_t, \omega_s, \delta) &= \boldsymbol{\Psi}_{pt}(\omega_t, \delta) + \boldsymbol{\Psi}_{ps}(\omega_s, \boldsymbol{\kappa}) \\ &= (1 - \omega_t)\boldsymbol{\Psi}_{pt}(\boldsymbol{\kappa}) + (1 - \omega_s)\boldsymbol{\Psi}_{ps}(\boldsymbol{\kappa})\end{aligned} \tag{5.64}$$

式中，$\boldsymbol{\Psi}_{et}$ 和 $\boldsymbol{\Psi}_{es}$ 为弹性自由能拉伸和压缩-剪切部分；$\boldsymbol{\Psi}_{pt}$ 和 $\boldsymbol{\Psi}_{ps}$ 为塑性自由能拉伸和压缩-剪切部分。其中，弹性亥姆霍兹自由能可以写作：

$$\boldsymbol{\Psi}_e(\varepsilon_e, \omega_t, \omega_c) = \frac{1}{2}\langle \boldsymbol{\sigma}' \rangle : \varepsilon_e + \frac{1}{2}\langle -\boldsymbol{\sigma}' \rangle : \varepsilon_e \tag{5.65}$$

塑性亥姆霍兹自由能可以写作：

$$\psi_p = \int_0^{\varepsilon_p} \langle \boldsymbol{\sigma}' \rangle : \mathrm{d}\varepsilon_p + \int_0^{\varepsilon_p} \langle -\boldsymbol{\sigma}' \rangle : \mathrm{d}\varepsilon_p \tag{5.66}$$

根据热力学第二定律，Clausius-Duhamel 不等式可以表示为：

$$\left(\boldsymbol{\sigma}' - \frac{\partial \boldsymbol{\Psi}}{\partial t} \right) \geqslant 0 \tag{5.67}$$

联立式(5.60)、式(5.61)、式(5.63)及式(5.64)，不可逆热力学关系可以描述为：

$$\left(\boldsymbol{\sigma}' - \frac{\partial \boldsymbol{\Psi}_e}{\partial \varepsilon_e} \right) : \frac{\mathrm{d}\varepsilon_e}{\mathrm{d}t} + \left(-\frac{\partial \boldsymbol{\Psi}}{\partial \omega_t} \right)\frac{\mathrm{d}\omega_t}{\mathrm{d}t} + \left(-\frac{\partial \boldsymbol{\Psi}}{\partial \omega_s} \right)\frac{\mathrm{d}\omega_s}{\mathrm{d}t} + \left(\sigma' : \frac{\mathrm{d}\varepsilon_p}{\mathrm{d}t} - \frac{\partial \boldsymbol{\Psi}_p}{\partial \boldsymbol{\kappa}}\frac{\mathrm{d}\boldsymbol{\kappa}}{\mathrm{d}t} \right) \geqslant 0 \tag{5.68}$$

由此，式(5.60)的应力充分条件可以写作：

$$\boldsymbol{\sigma}' = \frac{\partial \boldsymbol{\Psi}_e}{\partial \varepsilon_e} = (1 - \omega_t)\frac{\partial \boldsymbol{\Psi}_{et}}{\partial \varepsilon_e} + (1 - \omega_s)\frac{\partial \boldsymbol{\Psi}_{es}}{\partial \varepsilon_e} \tag{5.69}$$

将式(5.65)代入式(5.60)，有效应力可以写作：

$$\boldsymbol{\sigma}' = (\boldsymbol{I} - \boldsymbol{\omega}) : \boldsymbol{\sigma}' = \boldsymbol{D} : (\varepsilon - \varepsilon_p) - \omega_t\langle \boldsymbol{\sigma}' \rangle - \omega_c\langle -\boldsymbol{\sigma}' \rangle \tag{5.70}$$

式中，有效应力的正负可以由裂缝面的法向应力和切向应力描述为：

$$\langle \boldsymbol{\sigma}' \rangle = \langle \sigma_n' \rangle \boldsymbol{n} \otimes \boldsymbol{n} + \langle \sigma_m' \rangle \boldsymbol{m} \otimes \boldsymbol{m} + \langle \sigma_s' \rangle \boldsymbol{s} \otimes \boldsymbol{s} \tag{5.71}$$

$$\langle -\boldsymbol{\sigma}' \rangle = \langle -\sigma_m' \rangle \boldsymbol{m} \otimes \boldsymbol{m} + \langle -\sigma_s' \rangle \boldsymbol{s} \otimes \boldsymbol{s} \tag{5.72}$$

式中，

$$\begin{cases} \sigma_n' = \boldsymbol{\sigma}' : (\boldsymbol{n} \otimes \boldsymbol{n}) \\ \sigma_m' = \boldsymbol{\sigma}' : (\boldsymbol{m} \otimes \boldsymbol{m}) \\ \sigma_s' = \boldsymbol{\sigma}' : (\boldsymbol{s} \otimes \boldsymbol{s}) \end{cases} \tag{5.73}$$

为了满足物理情况,避免裂缝面由于压缩-剪切损伤引起的非真实嵌入,在式(5.72)中略去裂缝面法向应力为负时的应力退化。

在拉伸部分,岩石破坏准则由平滑朗肯准则控制:

$$F_t = \sigma'_t - f_t \tag{5.74}$$

式中,

$$\tilde{\sigma}_t = \sqrt{\sum_{a=1}^{3} \langle \sigma'_a \rangle_+^2} \tag{5.75}$$

对于岩石材料的拉伸破坏,本节不考虑塑性变形,仅考虑损伤软化。在压缩-剪切部分,屈服锥体可以通过摩尔-库伦准则描述为:

$$F_{cone} = \frac{1+\sin(\tau)}{1-\sin(\tau)}\sigma'_n - \sigma'_s - f_c \tag{5.76}$$

压缩-剪切状态下的帽子屈服面可以通过一个椭圆函数描述为:

$$F_{cap} = \left(\frac{Q}{Q_a}\right)^2 + \left(\frac{M-M_a}{M_b-M_a}\right) - 1 \tag{5.77}$$

式中,

$$\begin{cases} Q = \sqrt{J_2} = [(\sigma_1-\sigma_2)^2+(\sigma_1-\sigma_3)^2+(\sigma_2-\sigma_3)^2]^{1/2} \\ M = -I_1 = -(\sigma_1+\sigma_2+\sigma_3)/3 \end{cases} \tag{5.78}$$

将屈服准则(式(5.76))通过 $\sqrt{J_2}$-I_1 平面描述,帽子屈服函数可以写作:

$$F_{cap} = \left(\frac{\sqrt{J_2}}{J_a}\right)^2 + \left(\frac{I_1-I_a}{I_b-I_a}\right) - 1 \tag{5.79}$$

式中,$I_a = -3M_a$,$I_b = -3M_b$,J_a 为椭圆在 I_1 轴线上的中轴。

本节考虑到椭圆端盖的各向同性硬化,椭圆的中心会随着体积塑性应变的增加而移动,同时,椭圆的半轴也会随着硬化的发展而增长。椭圆端盖与 I_1 坐标轴线的交点如下所示:

$$M_b = M_{b0} - K_i \ln\left(1 + \frac{\varepsilon_{pvol}}{\varepsilon_{pvol,max}}\right) \tag{5.80}$$

式中,M_{b0} 为椭圆面压力的初始值;K_i 为各向同性硬化模量;ε_{pvol} 为塑性体积应变;$\varepsilon_{pvol,max}$ 为最大塑性体积应变。体积塑性应变 ε_{pvol} 在压缩时为负值,因此随着硬化的发展,极限压力 M_b 会从 M_{b0} 开始增加。

椭圆端盖的长宽比 R 如下所示:

$$R = \frac{I_a-I_b}{J_a} = 3\sqrt{3}\frac{M_b-M_a}{Q_a} \tag{5.81}$$

式中,$Q_a = \sqrt{3}J_a$。

J_a 可以通过长宽比 R 描述为:

$$J_a = \frac{f_c(1-\sin\tau)-2\alpha I_a}{2\alpha R + 2\sqrt{1+\alpha^2 R^2}} \tag{5.82}$$

式中,α 为 $\sin\tau/3$。

为了在 F_{cone} 与 F_{cap} 之间获得平滑过渡,帽子屈服面在切点处与破坏面相交的交点坐标(I_c, J_c)如下所示:

$$\begin{cases} I_c = \dfrac{J_a}{\alpha\sqrt{1+\alpha^2 R^2}} - \dfrac{f_c(1-\sin\tau)}{6\alpha} \\ J_c = \sqrt{\dfrac{J_a^2}{1+\alpha^2 R^2}} \end{cases} \tag{5.83}$$

流动法则定义了材料屈服后进一步加载的不可逆应变(塑性应变)增量与当前应力状态之间的关系,本书考虑相关联流动法则,塑性应变增量的方向被定义为:

$$\frac{d\varepsilon_p}{dt} = \dot{\lambda}_p \frac{\partial F_p}{\partial \sigma'} \tag{5.84}$$

式中,$\dot{\lambda}_p$ 为塑性应变乘子。

$\dot{\lambda}_p$ 加载-卸载规则由 Kuhn-Tucker 条件控制:

$$F_p \leqslant 0, \quad \lambda_p \geqslant 0, \quad \lambda_p F_p = 0 \tag{5.85}$$

由此,考虑塑性变形和软化的塑性损伤本构模型有效应力可以表示为:

$$\begin{aligned} \boldsymbol{\sigma}' = \boldsymbol{D} : (\varepsilon - \varepsilon_p) - \omega_t(\langle\sigma_n'\rangle \boldsymbol{n}\otimes\boldsymbol{n} + \langle\sigma_m'\rangle\boldsymbol{m}\otimes\boldsymbol{m} + \langle\sigma_s'\rangle\boldsymbol{s}\otimes\boldsymbol{s}) \\ - \omega_s(\langle-\sigma_m'\rangle\boldsymbol{m}\otimes\boldsymbol{m} + \langle-\sigma_s'\rangle\boldsymbol{s}\otimes\boldsymbol{s}) = \overline{\boldsymbol{D}} : (\varepsilon - \varepsilon_p) \end{aligned} \tag{5.86}$$

式中

$$\overline{\boldsymbol{D}} := \boldsymbol{D} - \frac{\boldsymbol{\Psi}_{et}}{\partial\varepsilon_e} - \frac{\boldsymbol{\Psi}_{es}}{\partial\varepsilon_e} \tag{5.87}$$

5.5.4 模型建立

关于本书的数值离散方法及求解流程均在第 3 章中已详细阐明,本节介绍数值模型几何参数、地层属性以及材料参数设置。图 5.21 为数值模拟几何模型,几何模型包含一个边长 10 m 的矩形,矩形中央为一个半径 3 mm 高压电脉冲等离子体冲击孔,模型左侧边界和下侧边界分别约束其水平和竖向位移,右侧边界和上侧边界施加水平和竖向围压载荷。岩层中包含两组正交天然裂缝,分别与 x 正方向成 60°和 150°。几何域内岩石抗拉强度满足 $m=2$ 的 Weibull 异质性分布。

表 5.2 为数值模拟基本参数,包括高压电脉冲放电电路参数、等离子体通道参数,岩石及裂缝材料的力学和水力压裂参数。图 5.22 为模型数值离散示意图,岩石基质通过二阶三角形单元离散,天然裂缝内嵌于岩石基质三角形。每个三角形单元具有 6 个节点,天然裂缝由两侧节点和单元边界构成裂缝上面和裂缝下面。

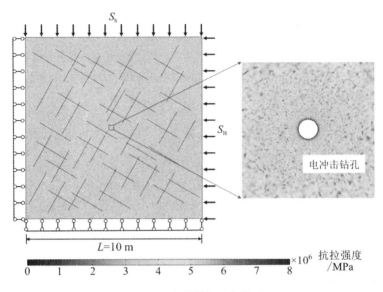

图 5.21　数值模拟几何模型

表 5.2　放电装置参数和岩石及天然裂缝电学、力学及水力学参数

参数	取值	参数	取值
放电电压 U_0	80 kV	弹性模量 E	35 GPa
电容 C	5 μF	密度 ρ	2700 kg/m³
电感 L	5 μH	残余强度比 η	0.1
电路电阻 R_z	1 Ω	泊松比 μ	0.2
火花常数 K_{ch}	611 V·s$^{1/2}$·m^{-1}	初始孔隙率 φ_0	0.01
初始通道半径 r_0	0.5 mm	残余孔隙率 φ_r	0.001
比热比 γ	1.1	初始渗透率 k_0	5×10^{-18} m²
体积常数 ψ	8.5 GPa	Biot 系数 α	0.5
放电通道长度 l_{ch}	60 mm	岩石基质内摩擦角 τ	35°
材料系数 n	4	流体密度 ρ_w	930 kg/m³
抗拉强度 f_t	4 MPa	动力黏度 μ_w	1.5×10^{-4} Pa·s
抗压强度 f_c	100 MPa	流体压缩系数 c_w	4.4×10^{-10} Pa^{-1}
裂缝最大闭合量 v_m	0.09 mm	初始法向刚度 K_{n0}	20 GPa
天然裂缝内摩擦角 θ_f	30°	初始切向刚度 K_{ss}	10 GPa

续表

参数	取值	参数	取值
天然裂缝膨胀角 θ_d	10°	天然裂缝初始孔径 δ_0	0.1 mm
残余剪切位移 δ_r	5mm	水平围压 S_H	14 MPa
初始孔隙压力 p_0	10 MPa	竖向围压 S_h	10 MPa
各向同性硬化模量 K_i	10 GPa	最大体积塑性应变 $\varepsilon_{pvol,max}$	0.1
椭圆端盖长宽比 R	10	端盖初始位置 M_{b0}	100 MPa

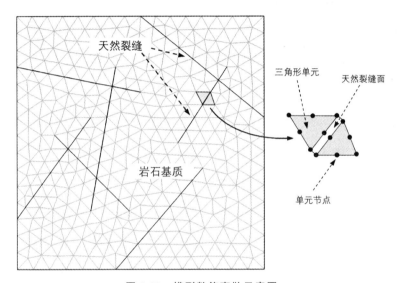

图 5.22 模型数值离散示意图

5.6 模型结果分析

5.6.1 复杂地质条件下的高压电脉冲破岩

基于表 5.2 参数,本节模拟了复杂地质下高压电脉冲破碎岩石全过程。首先,本节获得了在施加水平围压 14 MPa、竖向围压 10 MPa 及初始地层流体压力 10 MPa 条件下达到稳定状态的天然地层中岩石力学性状和水力学参数分布。图 5.23(a)描述了天然地层中 Mises 应力分布情况,从图中可以看到,天然裂缝尖端出现显著应力集中现象,这与以往数值结论类似[113]。图 5.23(b)给出了天然地层中平均有效压力分布情况,从图中可以看出,平均有效压力在天然裂缝尖端两侧出现显著差异,与水平大主应力方向靠近一侧平均压力较小,而与竖向小主应力方向靠近一侧平均压力较大。图5.23(c)为天然地层孔隙率分布图,由式(5.23)和式(5.24)定义,孔隙率与平均有效压力分布相关,即平均有效压力分布越大处(压力以受压为正,受拉为负),孔隙率越小。图5.23(d)为天然地层中渗透率分布云图,由本书渗透率定义可知,渗透率由孔隙率和损伤共同控制,在未损伤的天然地层中,渗透率仅与孔隙率相关,即渗透率分布与孔隙率分布类似。

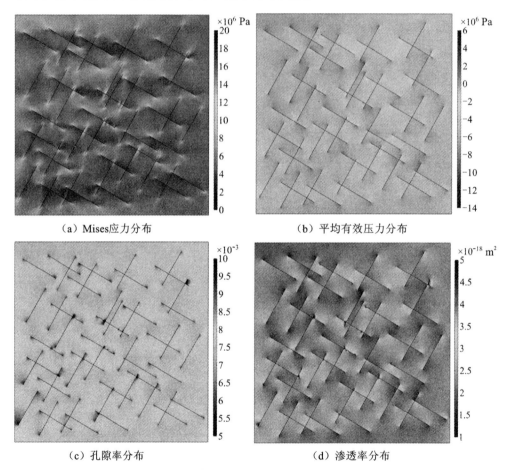

（a）Mises应力分布   （b）平均有效压力分布

（c）孔隙率分布   （d）渗透率分布

图5.23　地层初始力学及水力学分布性状

在天然地层达到稳定后,在中心位置操作高压电脉冲破岩步骤。需要说明,本节高压电脉冲放电参数和电性参数与第4章一致,因此不再赘述放电过程中电压、电流、等离子体通道半径以及冲击波压力的时程演化关系,详见5.4.1小节。图5.24介绍了高压电脉冲冲击波压力在天然地层中的分布云图,图5.24(a)为初始时刻平均有效压力分布云图,在天然裂缝尖端平均有效压力较大,而在天然裂缝面

平均有效压力较小。图 5.24(b)为高压电脉冲冲击岩层 50 μs 时刻的平均有效压力
分布云图,在高压电脉冲冲击孔外侧,形成了一个环形压应力波,而在环形内侧出
现了明显拉伸应力分布。图 5.24(c)为高压电脉冲冲击岩层 100 μs 时刻的平均有
效压力分布云图,从图中可以看到,当冲击波压力接触天然裂缝面后发生反射形成拉
伸波,同时冲击波存在透射现象,冲击波被削弱并穿过天然裂缝继续发展。图 5.24(d)

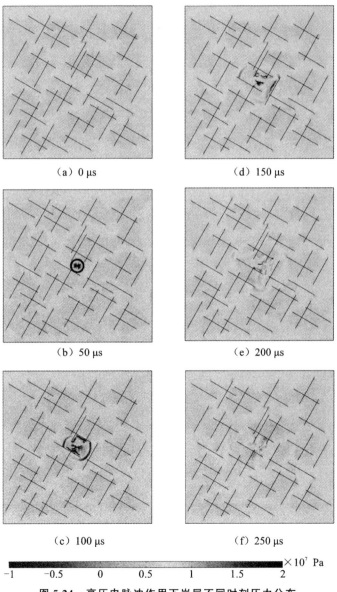

图 5.24　高压电脉冲作用下岩层不同时刻压力分布

107

为高压电脉冲冲击岩层 150 μs 时刻的平均有效压力分布云图,可以发现冲击波压力在天然地层中出现了复杂的传播现象,由于冲击波的传播以及在天然裂缝面的反射、透射行为,使得冲击波能量迅速耗散,部分压力波仍继续传播。图 5.24(e)和图 5.24(f)分别为高压电脉冲冲击岩层 200 μs 和 250 μs 时刻的平均有效压力分布云图,在 200 μs 后岩层的压力波和拉伸波变化不再显著,冲击远区压力波几乎消散,冲击近区存在复杂的压力波碰撞和反射行为。

图 5.25 为在复杂地质条件下高压电脉冲作用对岩石的损伤影响分布。在初始

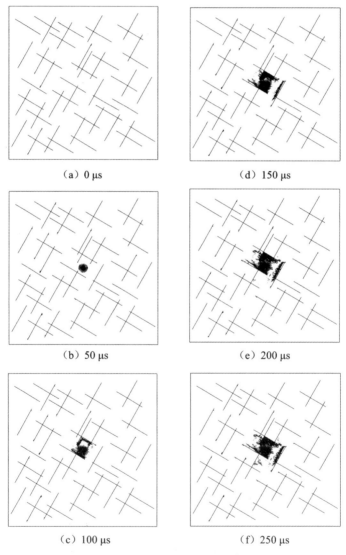

（a）0 μs

（b）50 μs

（c）100 μs

（d）150 μs

（e）200 μs

（f）250 μs

图 5.25　高压电脉冲作用下岩层不同时刻损伤分布

时刻地层达到稳定状态,未发生损伤,如图 5.25(a)所示。图 5.25(b)为高压电脉冲冲击岩层 50 μs 时刻的损伤分布,从图中可以看出,由于冲击波作用,岩层出现圆形的损伤区域。图 5.25(c)为高压电脉冲作用下 100 μs 时刻的地层损伤分布,从图中可以看出,冲击波压力首先接触上下两侧裂缝,地层中的压缩波在接触天然地层后形成反向拉伸波,由于岩层抗拉强度较低,因此迅速在天然裂缝面一侧形成条形拉伸损伤。图 5.25(d)为高压电脉冲作用下 150 μs 时刻的地层损伤分布,从图中可以看到,受到高压电脉冲冲击波的进一步作用后,冲击波压力接触到水平侧天然裂缝,并在天然裂缝一侧形成条形拉伸损伤。随着时间发展,高压电脉冲冲击波进一步冲击岩层,使得天然地层进一步损伤。从图 5.25(e)～图 5.25(f)中可以发现,在冲击孔附近,由于高压电脉冲作用,天然裂缝与高压电脉冲损伤区域连通,为后续水力压裂注水产生水力裂缝进一步破碎岩层提供更好环境,有利于形成复杂裂缝网络。

图 5.26 展示了高压电脉冲作用后,天然地层孔隙率和渗透率的最终分布云图。从图中可以看出,在高压电脉冲作用后,渗透率发生显著变化,渗透率提升多个数量级,为后续水力压裂提供更好水力条件。值得注意的是,由本章渗流场控制方程易知,孔隙率演化与有效平均压力分布有关,当冲击波压力消散后,孔隙率变化较小。因此,从图 5.26 可以发现,高压电脉冲作用后,岩层渗透率发生显著变化,而孔隙率变化较小。

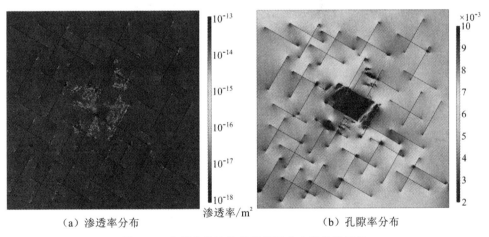

(a)渗透率分布　　　　　　　　　　　(b)孔隙率分布

图 5.26　高压电脉冲作用后岩层水力学参数演化

5.6.2　复杂地质条件下有无高压电脉冲的水力压裂破岩规律

在上一小节,本书分析了复杂地质条件下高压电脉冲破岩的冲击波压力传播规律、储层损伤分布以及电冲击后岩层渗透性及孔隙率分布情况。为了进一步探究高压电脉冲对后续水力压裂的提升作用以及对储层的改善效果,本节分别模拟了在有高压电脉冲和无高压电脉冲作用下的水力压裂破岩效率,包括损伤以及流体压力分布。图 5.27 和图 5.28 分别为高压电脉冲作用下水力压裂损伤演化及水压力分布云图。从图中可以看出,在水力压裂初始时刻,高压电脉冲作用使得电冲击

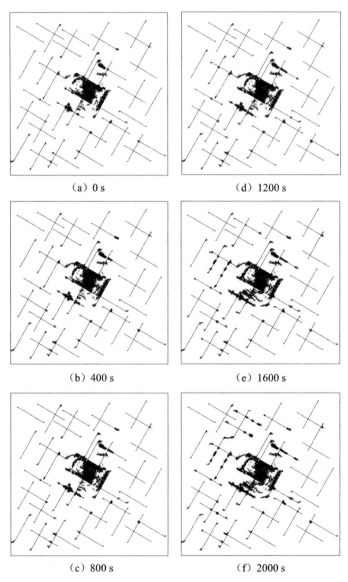

（a）0 s   （d）1200 s

（b）400 s   （e）1600 s

（c）800 s   （f）2000 s

图 5.27　高压电脉冲作用下水力压裂损伤演化

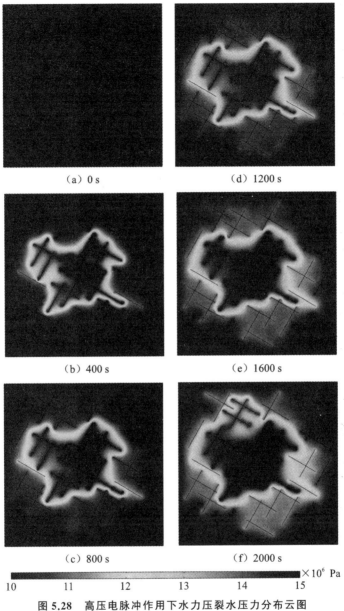

（a）0 s   （d）1200 s

（b）400 s   （e）1600 s

（c）800 s   （f）2000 s

10   11   12   13   14   15   ×10⁶ Pa

图 5.28　高压电脉冲作用下水力压裂水压力分布云图

周围出现大量损伤区域,天然裂缝得以连通。在水力压裂 400 s 时刻,流体注入电脉冲冲击孔周围的储层和天然裂缝中,使得天然裂缝迅速沟通并形成复杂裂缝网络。此外,水力裂缝和流体压力并非沿着最大主应力方向拓展,而是辐射状向周围天然裂缝连通。随着时间发展,流体压力不断注入储层,在 2000 s 时刻,可以发现水力裂缝沿着最小主应力方向继续连通天然裂缝。从有高压电脉冲的水力压裂破岩模拟中可以发现,高压电脉冲可以显著改善储层水力学特性,迅速沟通天然裂缝,同时可使后续水力裂缝发生转向而并非始终沿最大主应力方向发展。

随后,本书模拟了无高压电脉冲作用下的水力压裂破岩过程。图 5.29 和图 5.30分别为无高压电脉冲作用下水力压裂损伤演化和水压力分布云图。无高压电脉冲的水力裂缝仅产生在储层左下方,同时水压力也仅局限于储层左下方。随着时间发展,当水力裂缝连通储层边界后,流体压力迅速消散。从图中可以发现,

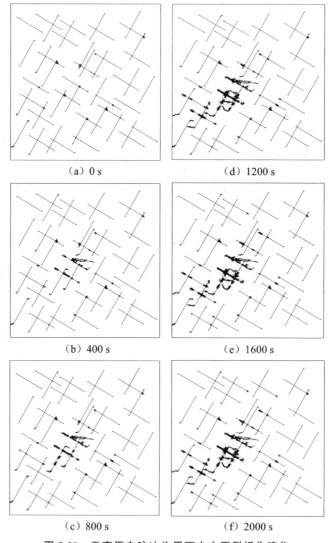

(a) 0 s   (d) 1200 s

(b) 400 s   (e) 1600 s

(c) 800 s   (f) 2000 s

图 5.29　无高压电脉冲作用下水力压裂损伤演化

无高压电脉冲的水力压裂破岩无法形成复杂裂缝网络,水力裂缝拓展缓慢,流体压力仅注入储层局部区域。结果表明,高压电脉冲技术可以显著提升后续水力压裂破岩效率,改善储层水力学特性,预破碎储层并使得后续水力压裂形成复杂裂缝网络,诱导水力裂缝发生转向而非沿最大主应方向拓展。

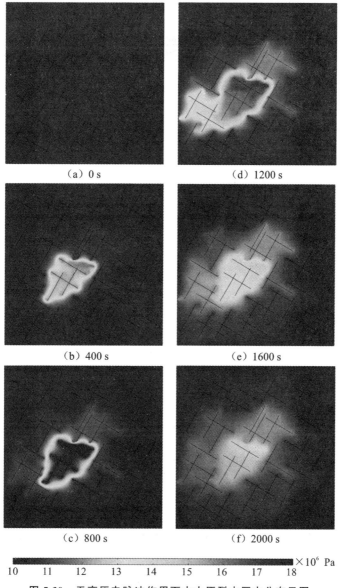

图 5.30　无高压电脉冲作用下水力压裂水压力分布云图

5.7 考虑天然裂缝的注水压裂模型分析

为了模拟水力压裂过程中闭合天然裂缝再次被激活时的水力剪切现象,本节建立了如图 5.31 所示的几何模型。模型所选参数与表 5.1 相同,模型几何尺寸长宽均为 10 m,地层的 x 和 y 方向上分别施加了 $S_H=14$ MPa 和 $S_h=10$ MPa 的围压作用,储层初始水压力为 $p_0=10$ MPa。

同时,本节在模型建立中考虑了剪切效应(滑移、膨胀)和非线性张开/闭合的离散裂缝网络(DFN),天然裂缝与水平方向的角度分别为 30° 和 120°,控制方程和储层力学本构模型均服从本节提出的水力学模型。模拟主要分为两个阶段进行,第一阶段模拟地层系统达到初始平衡状态,第二阶段在井眼以恒定速率 $q=2\times10^{-5}$ m²/s 向岩层注入流体。

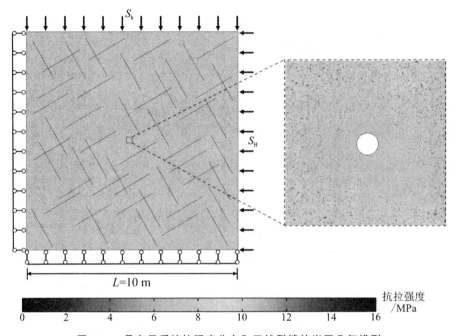

图 5.31 具有异质抗拉强度分布和天然裂缝的岩层几何模型

图 5.32 和图 5.33 描述了流体注入过程中岩层损伤和水压力分布演化规律。在初始阶段,岩层达到平衡状态,应力分布达到稳定,没有新损伤产生。随着流体注入,孔隙压力迅速增加,损伤沿最大主应力方向发展。当水力裂缝连通天然裂缝时,闭合的天然裂缝会被重新激活,被激活的天然裂缝中流体压力迅速上升。同时,高流体压力集中在被激活的天然裂缝和损伤区域。随着流体不断注入井眼,损

伤沿着天然裂缝尖端继续向最大主应力方向扩展。随着时间发展,水力裂缝继续与其他天然裂缝连通。从图中可以看出,本书模拟现象与文献[113]模拟结果相似,可以反映出流体注入过程中的流体分布情况。

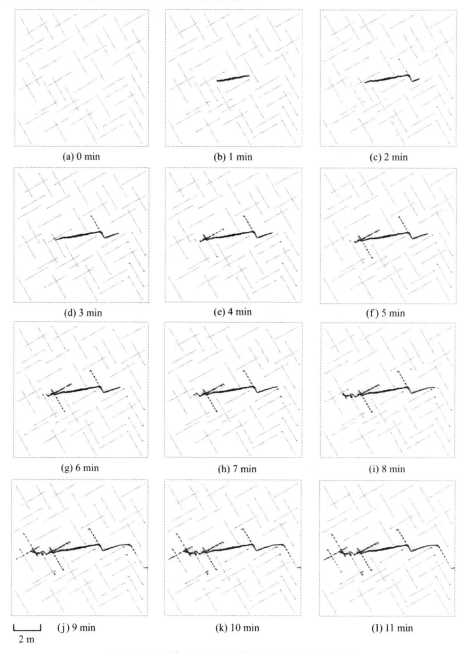

图 5.32　流体注入过程中岩层损伤分布演化规律

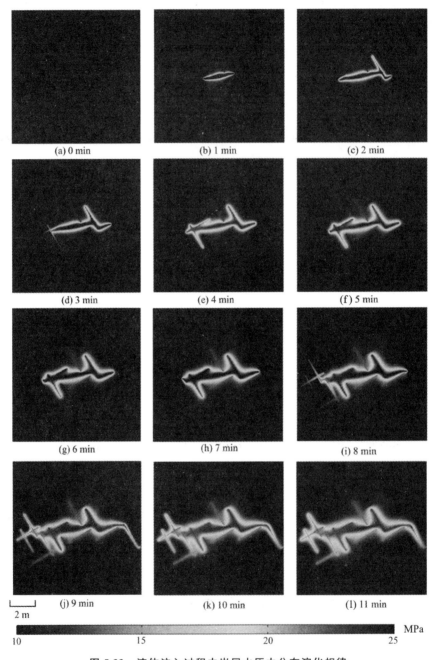

图 5.33　流体注入过程中岩层水压力分布演化规律

　　为了说明本书模型能够反映天然裂缝的水力剪切效应,图5.34(a)给出了本书对天然裂缝中水压力监测的8个不同点位,图5.34(b)绘制了流体注入过程中水压力时程曲线。从图中可以看出,当水力裂缝连通天然裂缝时,天然裂缝中流体压力会出现低于初始孔隙压力的现象,如监测点1、2和5所示。随着流体持续注入,被激活的天然裂缝流体压力在大约500 s时达到了稳定状态,而未连通的天然裂缝中流体压力仍持续上升。在大约1200 s时,被激活的天然裂缝水压力开始下降,这可能是因为储层中损伤发展至与左右两侧边界连通,左右两侧压力边界使得水压力发展趋向于初始边界设定值。随着时间发展,天然裂缝的压力仍在发生演化,但趋势逐渐放缓。

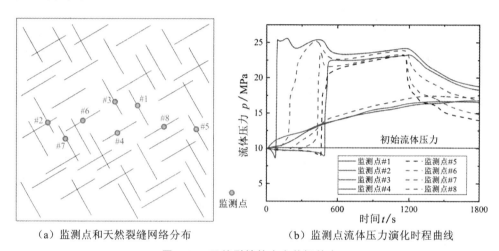

　　(a) 监测点和天然裂缝网络分布　　　　(b) 监测点流体压力演化时程曲线

图5.34　天然裂缝的水力剪切效应

5.8　本章结论

　　为了探究高压电脉冲-水力压裂联合破岩力学性状演化规律,本章构建了一个考虑拉伸-剪切混合破岩的渗流-应力耦合数值模型。此外,模型还考虑地层的空间异质性和围压效应。通过将数值模型与以往研究的单轴、预裂缝单轴压缩、高压电脉冲试验及水力压裂解析解对比,验证了本书方法的适用性。在此基础上,进一步探究高压电脉冲联合水力压裂破岩全过程,主要结论如下。

　　(1)高压电脉冲作用会对地层产生预损伤,受各向异性围压影响,在冲击近区会形成椭圆形损伤区域,在其外侧会出现多条径向拉伸裂缝。受异质性影响,高压电脉冲作用的冲击远区会形成环形破碎区。

　　(2)在有高压电脉冲作用下的水力压裂过程中,流体压力首先分布在预损伤区域,流体压力初期呈现圆形分布,并随着与注水孔距离的增大而降低。随着流体持续注入,流体压力分布逐渐由圆形发展至椭圆形。

(3)高压电脉冲破岩技术为后续水力压裂提供了良好的地质条件,包括预切缝作用,降低岩层强度,提高渗透性,改善储水特性和孔隙特征。高压电脉冲作用后的损伤区域渗透率会提升数千倍,而孔隙率变化相对较小。在有高压电脉冲作用下的水力压裂效率相较没有高压电脉冲显著提升,且随着放电装置的放电电压提升,其对后续水力压裂的破岩效果的改善愈发明显。

(4)高压电脉冲在复杂地质条件下可以有效破碎岩层,使得天然裂缝相互连通,为水力压裂形成复杂缝网提供有利环境。同时,冲击波在天然裂缝表面发生反射和透射现象,裂缝面反射波以拉伸波形式迅速在裂缝面形成平行拉伸裂缝,裂缝面透射波以压缩波形式进一步传播。

(5)高压电脉冲作用后,天然地层的水力学特性发生明显变化。其中,渗透率演化尤为显著,天然裂缝损伤区的裂缝渗透率由 10^{-18} 量级增长至 10^{-13} 量级。然而,孔隙率由于受到有效压力控制,而有效压力以弹性波形式传播,因此孔隙率变化不明显。

(6)高压电脉冲冲击后的水力压裂和没有高压电脉冲作用的水力压裂差异显著。在有高压电脉冲作用的水力压裂中,流体迅速进入电冲击孔周围的天然裂缝中,在较短时间内水力裂缝迅速沟通周围天然裂缝,形成复杂裂缝网络。单一水力压裂形成的裂缝较少,且水压力只分布于储层局部区域,未形成复杂裂缝网络。

6 高压电脉冲-机械联合
破岩力学性状研究

前文提出了一种高压电脉冲联合水力压裂破岩的技术,适用于需要增加地层的渗透性和孔隙率的实际工程中。但是水力压裂技术在应对某些特定地质条件下进行精确开采和工程施工的场景可能效果不佳,而机械破岩设备适用于各种类型的岩石和地质条件,可以随时使用。为此,本章在第 2 章和第 3 章的理论基础上利用高压电脉冲定向破碎、环保且易于控制等优势,提出一种新的破岩技术,即高压电脉冲-机械联合破岩。

由于试验和现场测试成本高昂,数值模拟已成为研究隧道掘进(TBM)关键问题的主要方法。在本书中,作者利用有限元软件开发了一种高压电脉冲-机械联合破岩模型,以实现高压电脉冲联合机械破岩的数值模拟。计算结果展示了岩石在经过高压电脉冲处理后等离子体通道拓展情况以及应力损伤分布结果。此外,本章还对有无高压电脉冲作用下机械破岩裂纹拓展过程进行了分析,并对电极电压、脉冲上升时间和电脉冲与机械作用顺序等影响因素分别进行了讨论。结果显示,经过高压电脉冲预处理后的岩石在一定程度上可以更高效地通过机械压裂达到破碎的目的。本章建立的数值模型为实施高压电脉冲-机械联合破岩新技术提供了一定的理论支撑,并为后续开发利用该项新技术提供了良好的研究思路。

6.1 高压电脉冲-机械联合破岩技术构想

机械掘进破岩是目前应用广泛的破岩方法,然而鲜有研究探索高压电脉冲联合机械破岩。机械破岩中常见的方法是使用 TBM 滚刀进行贯入破岩。在 TBM 掘进过程中,滚刀由机械系统向下贯入,在推力作用下接触岩石表面并侵入岩石内部,从而使岩石受到挤压、剪切和张拉作用后发生破坏[114]。

一般而言,TBM 滚刀破岩类型可分为两种[115],如图 6.1 所示。第一种是单滚刀破岩,滚刀向下侵入过程中产生巨大的应力,使岩体发生损伤,导致破坏;第二种为多滚刀破岩,其中常见的是双滚刀破岩。在相邻滚刀之间相互作用下,随着滚刀滚动侵入岩石,岩石在滚刀作用下产生裂纹。由于相邻滚刀的协同作用,裂纹迅速交织形成侧向张拉裂纹,并在两滚刀之间形成破碎岩片。因此,双滚刀相比单滚刀破岩范围更广,破岩效率更高。然而,无论采取哪种破岩方式,滚刀必须向下侵入岩石表面才能产生巨大推力作用,这会对滚刀钻头造成巨大损坏。此外,在高围压、高强度和高石英含量的地质环境中,即使滚刀钻头侵入岩石表面,也难以衍生出裂纹或者裂纹的衍生不丰富。因此,迫切需要借助其他技术手段来促使岩石先产生预裂纹或造成岩石结构的预损伤,然后借助 TBM 滚刀贯入的优势,以实现环保、经济且高效的破岩目标。

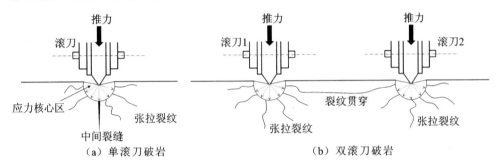

图 6.1　两种滚刀作用下裂纹发展情况

由前文分析可知,高压电脉冲破岩通过高压电脉冲来改变岩石内部的物理性能和力学性能,在岩体内部产生等离子体通道,通道迅速膨胀升温,产生冲击波、射流或等离子体通道的力学效应,从而使岩石产生裂纹直至破碎。利用高压电脉冲不需要沿岩石表面钻进,且电脉冲能量由电极钻头发出,较低的钻头磨损使其即使面对复杂坚硬的地质条件也具有破岩速度快、效率高等特点,电脉冲破岩在一定程度上可以为机械破岩提供更好的作用条件。因此,机械钻具在经过高压电脉冲处理后再开始作用,可避免钻头一开始就面对坚硬岩石的情况。脉冲放电后的机械侵岩实质是一种预损伤条件下的机械破岩过程,即利用高压电脉冲形成的预制裂纹,在机械钻头贯入岩石的过程中衍生出更多的径向拉伸裂纹,从而达到提升破岩效率的目的。

此外,机械钻头一般只能在与岩体接触的部分区域进行破碎处理。而电脉冲作用的范围很广,例如可以采用双电极作用于岩石,在岩体距离较远处对岩体进行电击穿处理,使岩体内部产生等离子体通道,接着岩体会有损伤特征并产生预裂纹。紧接着,机械钻头可以在高压电脉冲作用后的作用点作业,例如以双电极中心为作用点进行钻头作业。这样既利用了高压电脉冲的优势,又利用了机械破岩的特点,有利于机械装置工艺上的自动化、智能化和高效化。

6.2　高压电脉冲-机械联合破岩数学模型

图 6.2 为高压电脉冲-机械联合破岩示意图,需要注意的是,在实际工程应用

中,这两个模型装置可以在一个装置中同时存在。因为高压电极和机械探头均可为金属材料,可在装置系统中统一布置。为便于理解,本节将模型进行拆分,分别介绍高压电脉冲破岩装置和机械破岩装置。因此可以将该新破岩技术分为两个步骤:高压电脉冲破岩和机械破岩。

第一步:高压电脉冲破岩。通过高压电脉冲对岩石表面基质进行电脉冲处理,使施加的电极电压产生超过岩石内部发生电击穿的临界场强,从而在高压电极和接地电极之间形成等离子体通道。等离子体通道完全形成后,高压电脉冲能量将直接作用于该通道,且通道处电流将急剧上升,同时造成温度升高。随着高压电脉冲的持续作用,等离子体通道迅速膨胀扩张。通道处岩石颗粒发生应力变化,在应力作用下岩石发生损伤。因此,第一步的目的是使岩石经过高压电脉冲的预处理,形成初步预损伤,岩石表面部分岩体发生破坏,为后续机械破岩提供更好的条件。此外,在高压电脉冲作用下,岩石内部会形成一条或多条主等离子体通道和多条次等离子体通道。由第 3 章可知,主等离子体通道是损伤最大的位置。

第二步:机械破岩。如图 6.2 所示,机械钻头不断向下侵入,同时产生巨大机械应力作用于岩石表面,在第一步高压电脉冲造成的应力损伤基础上进一步使岩石发生破坏。岩石内部等离子体通道将进一步发展成裂缝,最终引起岩石破碎。

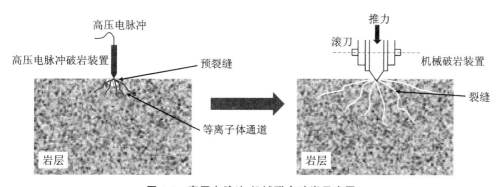

图 6.2　高压电脉冲-机械联合破岩示意图

因此,该高压电脉冲-机械联合破岩模型可分为四个主要阶段。第一阶段是高压电脉冲放电阶段,通过电流场可分析放电过程中电场强度、电流密度以及岩石电导率变化,从而得到等离子体通道的发展路径以及等离子体通道发展规律特性。第二阶段是通过温度场和力学场得到岩石内部等离子体通道温度分布、应力分布以及损伤分布,对高压电脉冲破岩后岩石表面最容易破坏位置进行判断。第三阶段是储存岩石在高压电脉冲作用后的应力损伤解,并将其作为后续机械破岩的初始条件。需要注意的是,在该模型中,只有应力损伤解才会储存。第四阶段是在第三阶段得到的岩石损伤条件下进行机械破岩,得到岩石最终的破坏情况,进而分析裂纹拓展情况和岩石强度变化等情况。该模型的特点为多个物理场相互耦合,互相作用,可在电脉冲作用过程中时刻更新电场强度、电流密度等参数,便于针对高压电脉冲破岩及机械联合作用过程进行分析。

6.2.1 联合破岩应力过程分析

由第 2 章和第 3 章可知,岩石在高压电脉冲下,电学控制方程主要由下式表示:

$$\sigma_d \nabla^2 \varphi + \varepsilon_0 \varepsilon_r \nabla^2 \frac{\partial \varphi}{\partial t} = 0 \tag{6.1}$$

在电场作用下,岩石内部通道电导率 σ_d 变化可表示为:

$$\sigma_d = \begin{cases} e_c, & \boldsymbol{E} < \boldsymbol{E}_c \\ (\boldsymbol{E} - \boldsymbol{E}_c)(e_s - e_c)/(\boldsymbol{E}_s - \boldsymbol{E}_c) + e_c, & \boldsymbol{E}_c \leqslant \boldsymbol{E} \leqslant \boldsymbol{E}_s \\ e_s, & \boldsymbol{E} > \boldsymbol{E}_s \end{cases} \tag{6.2}$$

岩石内部在电场作用下电损伤演化规律可描述为:

$$\boldsymbol{\chi} = \begin{cases} 0, & \boldsymbol{E} < \boldsymbol{E}_c \\ |(\boldsymbol{E} - \boldsymbol{E}_c)|/(\boldsymbol{E}_s - \boldsymbol{E}_c), & \boldsymbol{E}_c \leqslant \boldsymbol{E} \leqslant \boldsymbol{E}_s \\ 1, & \boldsymbol{E} > \boldsymbol{E}_s \end{cases} \tag{6.3}$$

高压电脉冲破岩过程中,温度场和应力场控制方程可表示为:

$$\begin{cases} \rho C \dfrac{\partial T}{\partial t} + \dfrac{\partial q}{\partial x} = \boldsymbol{E}^2 \sigma_d \\ P = \psi \left[\left(\dfrac{\rho}{\rho_0} \right)^n - 1 \right] \\ \varepsilon_T = \alpha \left[T(t) - T_0 \right] \end{cases} \tag{6.4}$$

由式(6.4)可求得高压电脉冲作用下,岩石内部等离子体通道形成过程温度分布以及应力分布。

在宏观条件下,机械破岩表现为机械探头以均匀速度向下侵入,同时对岩石产生机械应力,进而使岩石发生破坏[116]。结合岩石多归属于硬脆性特点[117,118],在探头侵入过程中,发生微小位移变化即会产生巨大应力。而岩石抗拉强度多数小于抗压强度,因此当岩石表面应力达到岩石极限抗拉强度时,岩石将发生拉伸破坏,产生径向裂隙。

为探究高压电脉冲作用下联合机械破岩规律,且便于建立数值模型,本书忽略机械探头在作用过程中发生的微小位移,假设其作用位置为高压电脉冲电极钻孔位置。本书假设机械破岩以机械应力波形式作用在岩石表面,且应力随指数形式衰减。则孔壁上机械应力在岩石中任意点产生的应力为:

$$\sigma_r = P_j \left(\frac{r}{r_k} \right)^{-\beta} \tag{6.5}$$

$$\sigma_\theta = \omega P_j \left(\frac{r}{r_k} \right)^{-\beta} \tag{6.6}$$

式中，P_j 为机械应力波作用到岩石中的峰值压力；r 为质点与高压电脉冲钻孔中心之间的距离；r_k 为高压电脉冲作用钻孔半径；σ_r、σ_θ 分别为柱坐标下距离钻孔中心 r 处的径向应力、环向应力；β 为应力波的衰减指数；ω 为侧压力系数，分别可表示为：

$$\beta = \frac{10 - 12\mu}{5 - 4\mu} \tag{6.7}$$

$$\omega = \frac{4\mu}{5 - 4\mu} \tag{6.8}$$

式中，μ 为泊松比。

由于短时间内应力达到峰值，钻孔附近岩石发生粉碎性破坏，且孔壁周围受到扰动的粉碎区域内岩石应变率较高[41,42]。假设岩石先经过高压电脉冲处理，钻孔附近先生成等离子体通道，通道逐渐发展成裂缝。根据模拟结果，钻孔附近区域应力分布最大，对岩石造成损伤。本书高压电脉冲作用时间很短，电脉冲造成破碎区半径与机械应力造成的破碎区半径相比可忽略，损伤主要以钻孔附近等离子体通道造成的应力损伤形式存在。

在高压电脉冲作用后，机械应力接着作用于岩石表面，会对钻孔周围岩石通道损伤位置继续产生应力作用，形成拉伸破坏，最终在钻孔周围产生的岩石破碎区半径 r_{f1} 为[47]：

$$r_{f1} = \left(\frac{f_t}{f_c} \right)^{\frac{4\mu - 5}{10 - 12\mu}} \left[\frac{4.6 f_c}{[(1+\omega)^2 - (1+\omega^2) - 2\mu/(1-\mu)(1-\omega)^2]^{1/2} P_j} \right]^{\frac{4\mu - 5}{10 - 4\mu}} r_k \tag{6.9}$$

式中，f_t 为岩石的单轴抗拉强度；f_c 为岩石的单轴抗压强度。得到岩石在经过高压电脉冲作用后，机械应力作用下钻孔围岩中的破裂区厚度为：

$$D_t = \left[\left(\frac{f_t}{f_c} \right)^{\frac{4\mu - 5}{10 - 12\mu}} - 1 \right] \left(\left[\frac{4.6 f_c}{[(1+\omega)^2 - (1+\omega^2) - 2\mu/(1-\mu)(1-\omega)^2]^{1/2} P_j} \right]^{\frac{4\mu - 5}{10 - 4\mu}} r_k \right) \tag{6.10}$$

式中，D_t 为岩石表面钻孔中的破裂区域的厚度。

由机械破岩作用过程可知，机械应力波均匀传递到钻孔边界，并在岩石表面钻孔作用位置形成具有一定尺寸的微裂纹。在应力波作用下，裂纹逐渐拉伸拓展。当岩石表面经过高压电脉冲作用后，钻孔附近岩石在强大电场作用下，将形成一系列一定尺寸的初始等离子体通道；在高压电脉冲持续作用下，将形成一条或多条主等离子体通道，并形成预损伤。此后，当机械应力作用在该岩石表面时，应力波会随着主等离子体通道预损伤位置进行稳定裂纹拓展延伸，进一步使岩石发生破坏。如图 6.2 所示，如果岩石先经过高压电脉冲处理，主等离子体通道是应力集中位置，且电极钻孔作用附近部分等离子体通道位置应力最大位置已产生应力损伤，假设该主等离子体通道为主裂缝,则后续机械应力主要作用于该主裂缝位置。根据岩石断裂力学理论,只考虑平面裂缝尖端发生 I 型拉伸裂缝的情况,忽略 II 型发生剪切断裂模式。根据 Sih 与 Loeber 的研究结论[119,120],得到极坐标条件下钻孔围岩内 I 型裂隙周边的应力场为:

$$\sigma_{Ix} = \frac{K_I}{\sqrt{2\pi r}} \cos\frac{\theta}{2}\left(1 - \sin\frac{\theta}{2}\sin\frac{3\theta}{2}\right) \tag{6.11}$$

$$\sigma_{Iy} = \frac{K_I}{\sqrt{2\pi r}} \cos\frac{\theta}{2}\left(1 + \sin\frac{\theta}{2}\sin\frac{3\theta}{2}\right) \tag{6.12}$$

式中,σ_{Ix} 和 σ_{Iy} 分别为裂缝尖端沿 X 方向和 Y 方向的应力分量;θ 为岩石钻孔周边裂隙尖端的极坐标起裂角度;K_I 为 I 型裂缝的动态应力强度因子。

假定钻孔内裂隙最终扩展长度为 l_w,而裂隙停止扩展时的临界压力为 P_w,最终得到确定岩石表面裂隙扩展长度的关系式为[47]:

$$u_t = \frac{K_I}{2[E/2(1+n_u)]}\sqrt{\frac{l_w}{2\pi\cos\dfrac{\delta}{2}}}\cos\frac{\delta}{4}\left(\lambda + \cos\frac{\delta}{2}\right) \tag{6.13}$$

$$\frac{p_j}{p_w} = \left[1 + \frac{n_u u_t(2D_t + l_w)}{\pi r_{f2}^2}\right]^k \tag{6.14}$$

式中,u_t 的大小为拓展裂缝根部宽度的一半;λ 为热绝缘系数;n_u 为钻孔周围主要裂缝的数量;k 为等温指数;δ 为裂缝尖端夹角。

6.2.2　岩石损伤模型

岩石基质是弹性的,其弹性特性可以用弹性模量和泊松比来定义,选用最大拉应力准则作为破坏阈值[121]。在高压电脉冲和机械应力作用下,岩石损伤表现为刚度的退化和强度的降低。基于岩石材料的应力-应变方程,通过简单的各向同性损伤模型可将岩石在高压电脉冲联合机械应力作用下的岩石强度变化描述为:

$$\boldsymbol{\sigma} = (1-\omega)\boldsymbol{D}_e : \boldsymbol{\varepsilon} \tag{6.15}$$

式中,$\boldsymbol{\varepsilon}$ 为应变张量;$\boldsymbol{D}_e$ 为弹性刚度张量;ω 为损伤变量,其值在 0~1 之间变化,ω 为 0 表示完好无损的材料,ω 为 1 表示完全损坏的材料,此时岩石强度为 0,承载能力为 0;$\boldsymbol{\sigma}$ 为应力张量,高压电脉冲机械联合应力作用下岩石应力控制方程可由运动微分方程表示为:

$$\nabla \cdot \boldsymbol{\sigma} + \boldsymbol{F}_t = \rho\frac{\partial^2 \boldsymbol{u}}{\partial^2 t} \tag{6.16}$$

式中,$\boldsymbol{F}_t$ 为体力张量;ρ 为岩石密度;$\boldsymbol{u}$ 为位移张量。

在本书的各向同性损伤破坏模型中,损伤变量取决于应变标量的最大值,称为等效应变,表示为 $\tilde{\varepsilon}$。用 ϑ 记录等效应变的最大值,起着内部变量的作用。由加载-卸载条件可将 ϑ 描述为[48]:

$$f(\varepsilon,\vartheta)\leqslant 0 \qquad (6.17)$$

$$\frac{\partial\vartheta}{\partial t}\geqslant 0 \qquad (6.18)$$

$$\frac{\partial\vartheta}{\partial t}f(\varepsilon,\vartheta)=0 \qquad (6.19)$$

式中,f 为损伤加载函数,可以描述为[104]:

$$f(\varepsilon,\vartheta)=\tilde{\varepsilon}(\boldsymbol{\varepsilon})-\vartheta \qquad (6.20)$$

单元在应力状态下的弹性损伤组成规律如图 6.3 所示。

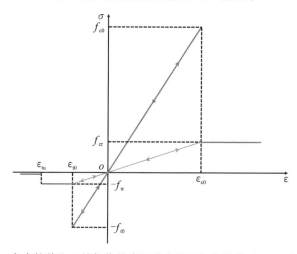

图 6.3　考虑拉伸和压缩损伤的岩石弹脆性损伤本构模型应力-应变关系

根据图 6.3 应力-应变关系,可将拉伸和压缩损伤状态分别表示为[49]:

$$\omega_{t}=\begin{cases}0, & \varepsilon_{t}\leqslant\varepsilon_{t0}\\[2mm]1-\dfrac{f_{tr}}{E\varepsilon_{t}}, & \varepsilon_{t0}<\varepsilon_{t}<\varepsilon_{tu}\\[2mm]1, & \varepsilon_{t}\geqslant\varepsilon_{tu}\end{cases} \qquad (6.21)$$

$$\omega_{c}=\begin{cases}0, & \varepsilon_{c}\leqslant\varepsilon_{c0}\\[2mm]1-\dfrac{f_{cr}}{E\varepsilon_{c}}, & \varepsilon_{c}>\varepsilon_{c0}\end{cases} \qquad (6.22)$$

式中,ε_{t} 和 ε_{c} 分别为最大拉伸应变和最大压缩应变,可根据 ϑ 记录;ε_{t0} 和 ε_{c0} 分别为拉伸和压缩应变;ε_{tu} 为最大拉伸应变,$\varepsilon_{tu}=-\lambda f_{t}/E f_{t}$;$f_{tr}$ 为残余抗拉强度,$f_{tr}=\lambda f_{t0}=\lambda E\varepsilon_{t0}$;$f_{cr}$ 为残余抗压强度,$f_{cr}=\lambda f_{c}=\lambda E\varepsilon_{c0}$;$\lambda$ 为残余强度因子;ω_{t} 和 ω_{c} 分别为拉伸和压缩损伤因子。

6.3 联合破岩模型设置

6.3.1 基本假设

（1）假设岩体为连续均质的各向同性材料，电击穿过程中岩石电导率满足同一变化规律。

（2）忽略温度-应力变化对基岩物理性质（如密度）的影响。

（3）假设高压电脉冲作用位置与机械探头作用位置一致，均作用于岩石表面钻孔位置。

（4）假设机械探头以机械应力形式作用在岩石表面钻孔位置，忽略机械探头位移变化，即将机械应力直接作用在岩石表面。

（5）假设高压电脉冲以高电压形式直接作用于岩石，忽略高压电脉冲发生装置，例如电感、电容等参数的影响。

（6）忽略岩石初始应力场和孔隙压力影响。

6.3.2 几何模型

通过前文的理论分析与数值模型结果，我们对高压电脉冲作用下岩石内部等离子体通道形成过程和破岩过程中温度及应力变化有了清晰的理解。为进一步探究岩石表面在高压电脉冲和机械应力下等离子体通道形成过程以及脉冲-机械联合破岩过程，本章在第 2 章和第 3 章模型的基础上进行改进。图 6.4 展示了本书建立的二维岩石几何模型，岩石尺寸为 $600~mm \times 600~mm$ 的正方形，该模型可以看成是第 2 章、第 3 章模型的俯视视角。为模拟真实的高压电脉冲作用效果（高压电极直接接触岩石表面），在岩石表面的中心位置钻孔，并设置圆孔半径为 5 mm。为消除应力波的干扰，模型边界设为低反射边界。高压电脉冲直接作用在钻孔边界，且假设机械应力作用位置与高压电脉冲位置一致。需要注意的是，高压电脉冲作用过程涉及电场-热场-力场三个物理场情况；而高压电脉冲作用后的机械作用过程仅考虑了力学效应。

相关研究表明[122]，在有限元模型中存在尺寸效应，岩石力学参数和网格尺寸都会影响模型的计算结果。模型网格划分如图 6.5 所示。

由前文应力分析可知，钻孔周围应力最大，破碎区最明显。为避免因网格尺寸敏感性对计算结果带来影响，该模型采用非均匀性结构化网格对模型进行空间离散，并将岩石分为四个计算区域，均为三角形网格。将网格设置为两个密集区和两个稀疏区，且在钻孔附近等离子体通道发生位置及应力最大位置采取密集区网格，

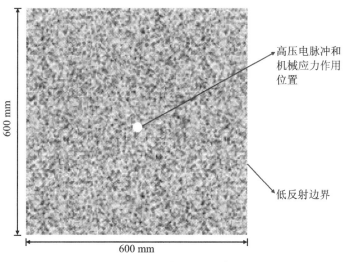

图 6.4 几何模型和边界条件

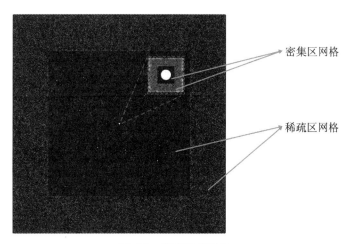

图 6.5 模型网格划分

网格尺寸最大单元从内到外分别为 0.2 mm 和 0.5 mm；网格稀疏区从内到外网格尺寸最大单元为 2 mm 和 4 mm。该高压电脉冲-机械联合破岩模型总的三角形单元数为 232576 个，最小单元网格质量为 0.1724 mm，平均单元网格质量为 0.8224 mm，网格质量良好。

该模型涉及两个过程，高压电脉冲和机械应力作用，并将 6.2.2 节考虑的应力损伤模型嵌入整个计算模型中。①在钻孔边界施加高压电脉冲，得到岩石表面等离子体通道发展模型及通道内部温度和应力损伤变化。②将高压电脉冲作用下产生的通道应力损伤路径作为下一阶段机械应力作用的初始条件，并在钻孔边界施

加机械应力。③根据模型计算结果可以得到高压电脉冲-机械联合作用下岩石力学
性状演化规律,并得到裂纹拓展情况。

6.3.3 模型验证

第 2 章和第 3 章已验证本书模型在高压电脉冲作用下岩石内部等离子体通道
形成过程的准确性,本节不再叙述。除此之外,还需对岩石表面在高压电脉冲作用
下破岩过程进行验证。因此,将本书提出的应用于高压电脉冲钻孔表面的破岩模
型与 Duan 等[123]和肖一标等[118]所做的室内试验进行对比验证。用于模型验证的
岩石主要参数选取如表 6.1 所示。

表 6.1　用于模型验证的岩石主要参数

参数	取值
长度	180 mm
宽度	140 mm
弹性模量	3.668 GPa
密度	2262 kg/m^3
泊松比	0.253
单轴抗压强度	15.584 MPa
抗拉强度	1.167 MPa
相对介电常数	6

图 6.6 展示了本书模型在高压电脉冲作用下岩石表面等离子体通道形成路径。

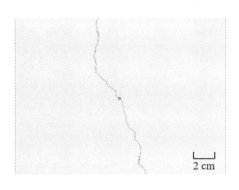

图 6.6　本书模型计算结果与 Duan 等[123]试验结果

从计算结果可以发现,本书模型的通道发展路径与试验结果相对吻合,这也证明了本书模型的正确性。需要说明的是,图 6.6 中,试验结果中间部分孔洞面积很大,这主要是因为 Duan 等人使用的高压电脉冲为圆形电极,且电极半径很大。而本书模拟高压电脉冲作用位置为钻孔边界处,因此造成中间空洞区域差别较大,但并不影响模型最终的计算结果。在保证模型正确的情况下,研究后续高压电脉冲-机械联合破岩作用,观察岩石内部力学性状演化规律。

6.4　高压电脉冲-机械联合破岩过程模拟

根据 6.3.2 节建立的几何模型,利用表 6.2 中设定的参数值进行本章高压电脉冲-机械联合破岩的数值模拟研究。

表 6.2　岩石主要参数

参数	取值
弹性模量 E	53 GPa
密度 ρ	2630 kg/m³
导热系数 λ	2.34 W·m^{-1}·K^{-1}
热膨胀系数 α	0.75×10^{-5} K^{-1}
比热容 C	711 J·kg^{-1}·K^{-1}
比热比 γ	1.1
体积常数 ψ	8.5 GPa
抗拉强度 f_t	18 MPa
抗压强度 f_c	240 MPa
残余强度比 η	0.1
泊松比 μ	0.13
材料系数 n	4

由前文理论知识可知,高压电脉冲作用下岩石破裂路径与等离子体通道形成过程有很大关系,但前述只描述了岩石内部通道形成情况,岩石表面通道形成过程还未进行分析。为此,先考虑仅在电场作用下岩石表面等离子体通道的形成规律。保持电极电压峰值为 100 kV,脉冲上升时间为 200 ns,图 6.7 展示了整个岩石表面等离子体通道的形成过程。

从图 6.7 可知,高压电脉冲开始作用时,由于电极电压很小,此时电场强度还未

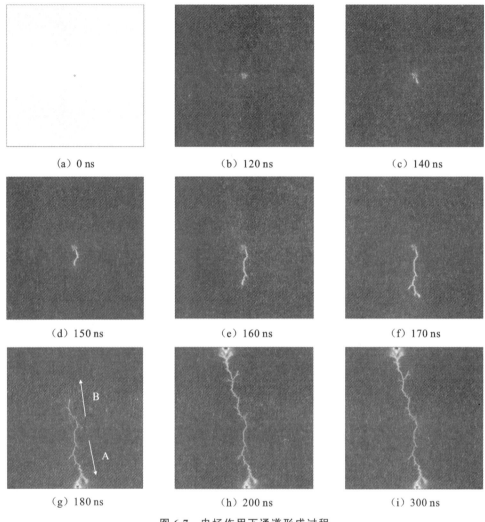

(a) 0 ns　　　　　　　(b) 120 ns　　　　　　(c) 140 ns

(d) 150 ns　　　　　　(e) 160 ns　　　　　　(f) 170 ns

(g) 180 ns　　　　　　(h) 200 ns　　　　　　(i) 300 ns

图 6.7　电场作用下通道形成过程

到达临界击穿场强,无法形成电击穿效应,岩石表面并没有出现等离子体通道。当脉冲时间为 120 ns 时,此时岩石钻孔附近电场强度超过本书设定的 50 kV/cm,岩石开始产生初始等离子体通道。120 ns 时钻孔附近有多条致密初始等离子体通道产生。在 140～150 ns,通道不断向外拓展,但需要注意的是此时只有一条主等离子体通道,且向图 6.7(g)中 A 方向拓展。当作用时间为 160 ns 和 170 ns 时,该主等离子体通道会衍生出多条分支通道,分支通道拓展距离很短。当作用时间为 180 ns 时,可以观察到从钻孔边界至岩石边界之间已产生一条完整等离子体通道,该通道发展趋势类似于电树枝,这与相关电击穿研究结论类似[83]。由于电极电压还未达到电压峰值,此时在高压电脉冲作用下钻孔边界的初始等离子体通道继续产生一条新的主等离子体通道,并朝着图 6.7(g) 中 B 方向不断拓展,直至与岩石边界产生完整的等离子体通道,如图 6.7(h) 所示。此时由于电极电压达到峰值,随着脉冲时间的增加,等离子体通道路径不会发生变化。至此,高压电脉冲电击穿过程已结束。

由于岩石发生电击穿后,电导率会发生变化,此时岩石颗粒周围场强将减小。本书定义一个电场强度状态变量 E_n,用来记录岩石内部电场强度最大值的变化,使 E_n 呈现单调递增趋势,可表示为:

$$E_n = \begin{cases} E_n, E_n > E \\ E, E_n \leqslant E \end{cases} \tag{6.23}$$

根据 E_n 变化结果以及图 6.7 的通道变化,可以得到整个电击穿过程三个阶段如图 6.8 所示。

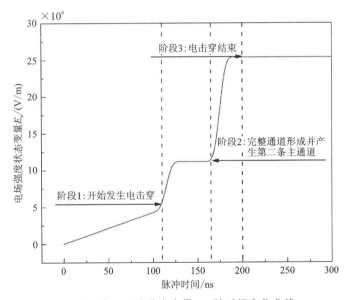

图 6.8 电场强度状态变量 E_n 随时间变化曲线

上述模型考虑在电场作用下通道的形成过程,在高压电脉冲作用过程中,包含电场、热场和力场多物理场耦合的情况,此时高压电脉冲的能量不仅用于通道的形成,还会使通道温度应力产生变化,通道形成过程相对于图 6.7 更复杂。为此,增大电极电压的峰值为 120 kV,并保持脉冲时间不变,岩石表面通道演化过程如图 6.9 所示。通过结果可以发现,等离子体通道形成过程与图 6.7 都有相同的规律:钻孔附近先产生初始未贯穿等离子体通道,再生成一条主等离子体通道,最后生成多条主等离子体通道。通道完全形成时温度及有效应力变化如图 6.10 所示,

131

需要注意的是,根据应力分布放大结果可以发现,岩石钻孔附近区域应力最大,损伤也更明显;其他区域远离钻孔处等离子体通道虽然很明显,但应力变化却很小,应力损伤也很小。温度和应力数值结果与 Zhu 等人现有结论一致[11-13],也进一步证明了本书模型的正确性。

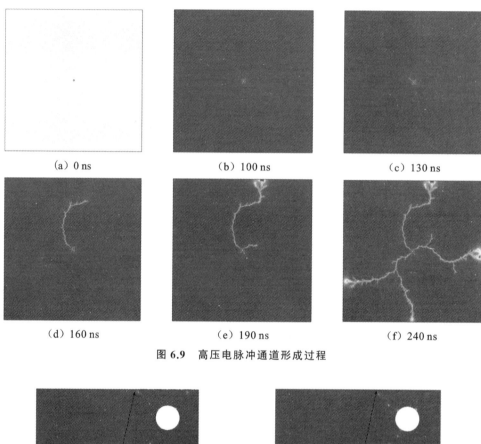

（a）0 ns   （b）100 ns   （c）130 ns

（d）160 ns   （e）190 ns   （f）240 ns

图 6.9 高压电脉冲通道形成过程

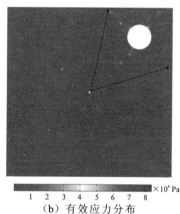

（a）温度分布   （b）有效应力分布

图 6.10 岩石表面温度及有效应力变化

高压电脉冲作用于岩石表面后,产生等离子体通道,且随着电脉冲的施加,通道内部发生温度变化并同时产生应力变化,最终对岩石表面造成应力损伤,通道逐渐发展成裂纹。以高压电脉冲为基础,即在图6.10基础上,对岩石进行机械应力加载实现机械破岩。假设机械应力变化如图6.11所示,应力从0逐渐增加到峰值,并逐渐衰减,机械应力作用时间为150 μs。

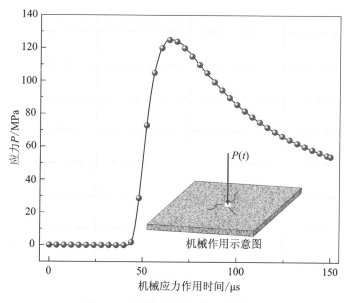

图 6.11　机械应力随时间变化曲线

　　图6.12表现了在高压电脉冲作用后,继续施加机械应力岩石内部裂纹拓展情况。从图6.10得知,高压电脉冲作用后,三条主等离子体通道钻孔附近处应力值很大,在远离钻孔位置虽有等离子体通道产生,但该位置处应力未超过岩体的临界抗拉强度,所以只有钻孔附近部分区域产生应力损伤。当施加机械应力后,靠近钻孔附近有三条主要的裂纹方向,如图6.12(f)中1、2、3方向,并随着机械应力作用时间增加,通道不断拓展,而其他位置很难衍生出新的主裂纹。由高压电脉冲作用结果可知,裂纹拓展的三个方向便是因高压电脉冲处理造成的等离子体通道应力损伤位置。钻孔附近损伤位置主要聚集在三条主裂纹附近,并不断拓展,且小裂纹也很多。

　　图6.13给出了无高压电脉冲处理直接进行机械作用后岩石裂纹变化规律。与图6.12对比可以发现,无高压电脉冲处理直接进行机械作用的岩石表面裂纹拓展更均匀一些,但是主裂纹产生时间更晚一些,且整体裂纹拓展长度相对于经过高压电脉冲处理的岩石表面裂纹更短。所以,在高压电脉冲处理后,岩石钻孔附近形成

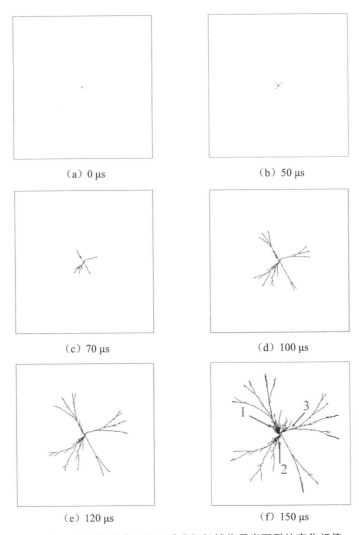

（a）0 μs

（b）50 μs

（c）70 μs

（d）100 μs

（e）120 μs

（f）150 μs

图 6.12　高压电脉冲预处理后进行机械作用岩石裂纹变化规律

的应力损伤可以进一步促进后续机械应力作用下主裂纹的产生，一定程度上缓解了机械破岩过程中因钻头磨损带来的缺陷，所以经高压电脉冲处理后再进行机械破岩具有显著优势。

　　为更好体现高压电脉冲机械联合应力破岩结果，图 6.14 比较了在 120 kV 高压电脉冲预处理的机械压裂（简称破岩方式 1）和没有电脉冲的机械压裂（简称破岩方式 2）之间的岩石损伤面积。结果显示最终经高压电脉冲处理后的机械压裂破岩面积要远高于未经电脉冲处理的机械压裂破岩面积。此外，在 AB 时间段破岩方式 2

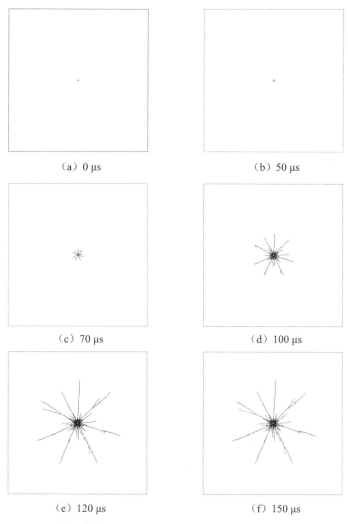

图 6.13　无高压电脉冲预处理直接进行机械作用后岩石裂纹变化规律

造成的裂纹损伤面积大于破岩方式 1。破岩方式 2 在机械应力作用前期会在钻孔周围产生致密的裂纹,而破岩方式 1 因为经过高压电脉冲的预处理,钻孔附近等离子体通道已存在预损伤,裂纹主要沿着预损伤方向进行拓展,因此在钻孔周围无法形成致密裂纹;所以在 B 时间之前,破岩方式 2 造成的损伤面积大于破岩方式 1。但是在 B 时间之后,破岩方式 2 因为有高压电脉冲造成的预裂纹,后续机械应力促使裂纹进一步拓展,损伤面积越大,从而实现经济高效的破岩技术。

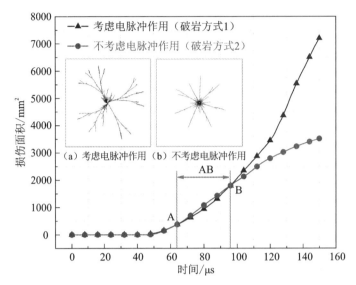

图 6.14　有无电脉冲作用后机械压裂岩石损伤面积随时间变化关系

6.5　影响因素分析

6.5.1　电极电压对联合破岩影响

　　前文考虑当电极电压峰值为 120 kV 时对岩石表面造成的应力损伤情况,当电极电压不同时,岩石表面及内部等离子体通道形成轨迹不同,应力损伤也不一样。为此,本书进一步分析在不同电极电压峰值情况下(即电极电压峰值分别为 120 kV、130 kV、140 kV、150 kV、160 kV 时),对高压电脉冲-机械联合破岩效率的影响规律。判断在不同电极电压峰值下岩石表面等离子体通道形成轨迹,可以发现,与 120 kV 相比,不同电压峰值条件下,通道形成轨迹会发生显著变化;电极电压增大,主等离子体通道条数和通道分支也会存在增多的情况(图 6.15)。

　　在高压电脉冲作用下,通道发生膨胀产生应力作用,对岩石造成破坏。图 6.16 为不同电极电压对岩石表面造成的应力损伤面积。结果显示,电极电压越大,对岩石造成预损伤面积越大;从图 6.15 可以得知,这主要是因为形成的等离子体通道越多,钻孔附近产生的破坏也越大。

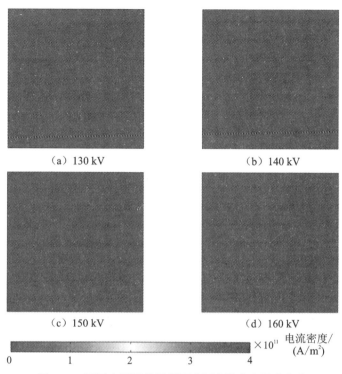

（a）130 kV　　　　　　　　（b）140 kV

（c）150 kV　　　　　　　　（d）160 kV

图 6.15　不同电压峰值下岩石表面电流密度强度分布

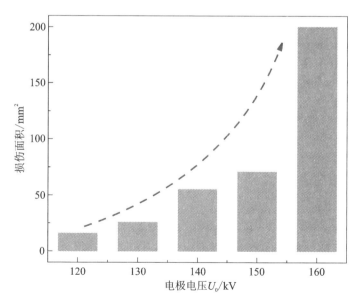

图 6.16　不同电极电压对岩石表面造成的应力损伤面积

图 6.17 为不同脉冲电压预处理后机械作用岩石表面损伤面积随时间变化关系。可以发现,采用高压电脉冲预处理后再进行机械破岩可以显著提升损伤面积,进而提升破岩效率。且电极电压越大,对岩石造成的预损伤也越大,后续机械应力可以显著促进裂纹的进一步拓展。因此,高压电脉冲与机械联合破岩具有显著的破岩效果。

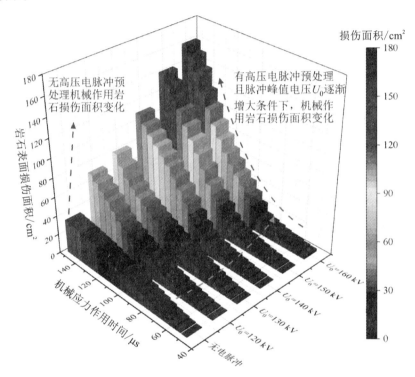

图 6.17　不同脉冲电压预处理后机械作用岩石表面损伤面积随时间变化关系

此外,从结果中还可以发现,电脉冲预处理可以加快裂纹的生成速度。如图 6.17 所示,有高压电脉冲预处理后 U_0 为 120 kV 的破岩损伤面积增加速率比无高压电脉冲的损伤面积增加速率快很多,且电极电压 U_0 越大,速率越快。因此,采用高压电脉冲对岩石进行预处理,再进行机械联合破岩具有显著破岩效果。但需要注意的是,电脉冲峰值越大,消耗的电能越多,经济费用也越高。所以在实际工程应用中,应合理控制电脉冲幅值,使所施加脉冲峰值能在岩石内部产生完整等离子体通道即可,此时进行机械冲击可以充分利用高压电脉冲对岩石造成的预损伤。

6.5.2　脉冲上升时间对联合破岩影响

由第 2 章及第 3 章分析可知,不同脉冲上升时间 t_0 对岩石内部等离子体通道形成过程造成影响,进而对岩石造成不同程度的破坏效果。为此,将脉冲时间 t_0 分别设置为 50 ns、100 ns、150 ns、200 ns;电极电压峰值设为 120 kV,同时脉冲总时间为 300 ns,确保岩石可形成完整等离子体通道。图 6.18 为 5 种不同脉冲上升时间 t_0 作用下钻孔附近部分岩石有效应力分布云图。从结果可以发现,钻孔附近应力分布大致没有很大变化,只是等离子体通道位置存在微小差异,计算结果与第 2 章分析一致。

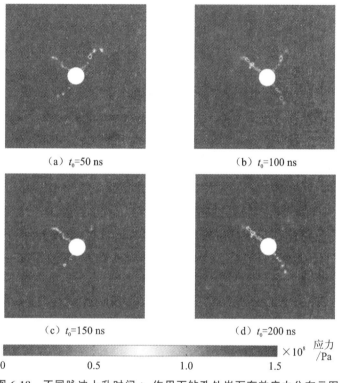

(a) t_0=50 ns   (b) t_0=100 ns

(c) t_0=150 ns   (d) t_0=200 ns

图 6.18   不同脉冲上升时间 t_0 作用下钻孔处岩石有效应力分布云图

图 6.19 表现了在上述四种不同脉冲上升时间作用下进行机械应力损伤面积随时间变化曲线。从结果可以发现,虽然 t_0 使通道形成过程产生差异,但后续机械应力作用岩石表面损伤面积几乎一致,大约在 70 cm^2。根据上述分析,岩石内部形成等离子体通道是高压电脉冲对岩石造成大面积预损伤的关键。所以,在实际工程应用中,对高压电脉冲波形而言,增大电极电压参数有助于提高破岩效率。此外,结合第 2 章和第 3 章分析内容,在实际工程应用中,可以适当增加脉冲上升时间 t_0,以产生更多等离子体通道对岩石造成更大面积预损伤,对后续机械破岩更有利。

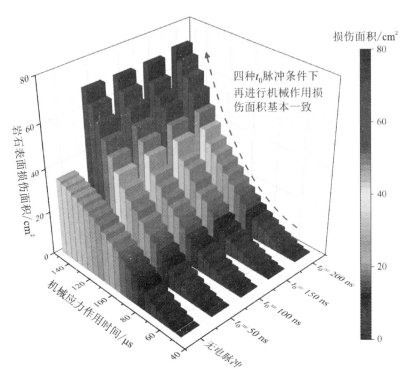

图 6.19 不同脉冲时间预处理后机械作用岩石表面损伤面积随时间变化关系

6.5.3 高压电脉冲和机械作用顺序对联合破岩影响

上述电极电压及脉冲上升时间主要改变通道的形成轨迹,进而对岩石钻孔周围岩石造成不同的应力破坏。除此之外,高压电脉冲-机械联合作用存在不同的作用顺序。前文分析均是在高压电脉冲先处理再进行机械应力作用的条件下使岩石产生裂纹发生破坏。但是,高压电脉冲和机械作用可以同时作用,或者先对岩石进行机械作用再施加高压电脉使岩石发生破坏。因此,应对不同联合破岩方式分别进行分析,得到合理且高效的破岩方案。但在实际工程应用中,例如从深圳地铁深圳 6 号双护盾 TBM 现场施工数据可以发现,整个施工进程中检查滚刀占据大约20%时间;40%的设备维修费用用于更换和维修滚刀。而本书提出的高压电脉冲-机械联合破岩便是利用高压电脉冲使岩石先发生预损伤,便于后续机械作用,以减少实际工程应用中滚刀面临高原岩围压、高岩石强度、高石英含量造成滚刀损坏的情况。所以针对本章提出的高压电脉冲-机械联合破岩方式应避免先进行机械作用。因此,本节主要继续分析高压电脉冲和机械同时作用岩石联合破岩方式。

保持高压电脉冲、岩石参数和机械应力与 6.4 节设置一致,将高压电脉冲与机械应力同时作用岩石。图 6.20 为高压电脉冲-机械同时作用下岩石裂纹变化规律。从模拟结果可以发现,高压电脉冲-机械同时作用裂纹发展比图 6.13 中无电脉冲快。例如当机械作用时间为 70 μs 时,因为高压电脉冲的存在,裂纹最大长度更长。但与图 6.12 高压电脉冲预处理裂纹拓展相比,高压电脉冲-机械同时作用裂纹发展较为均匀,与无电脉冲机械破岩发展相似。所以,高压电脉冲-机械同时作用下裂纹发展受机械应力影响较大,且对等离子体通道发展过程产生影响,但破岩效果没有高压电脉冲预处理后进行机械作用效果好。

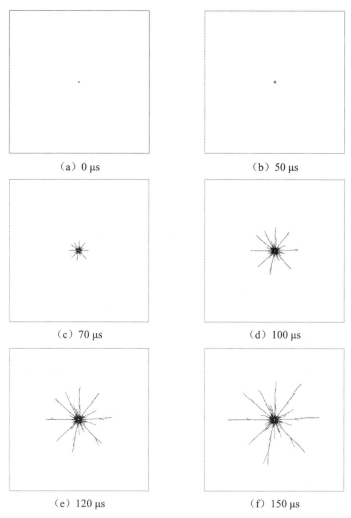

(a) 0 μs   (b) 50 μs

(c) 70 μs   (d) 100 μs

(e) 120 μs   (f) 150 μs

图 6.20　高压电脉冲-机械同时作用岩石裂纹变化规律

图 6.21(a)、(b)、(c)分别为无高压电脉冲、高压电脉冲-机械同时作用和高压电脉冲预处理后进行机械作用裂纹变化对比图;表 6.3 为三种破岩方式裂纹对比。从结果可以发现,高压电脉冲预处理后进行机械作用效果最好,破岩效率最高,几乎为无脉冲处理效率的 2 倍。结合机械破岩经常更换钻头的缺点,高压电脉冲预处理可以很好地对岩石先造成预损伤,从而为后续机械破岩提供更好的作用条件,即充分利用高压电脉冲优势也利用了机械破岩的优势。此外,高压电极与机械探头均为金属材料,可以进行智能控制,便于系统设备的安装。所以,在实际工程应用中,建议采取高压电脉冲-机械联合破岩方式且以高压电脉冲先预处理、机械破岩后处理的破岩手段进行联合破岩,从而达到高效、经济且智能的破岩效果。

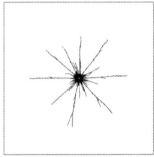

（a）无高压电脉冲　（b）高压电脉冲-机械同时作用 （c）高压电脉冲预处理后进行机械作用

图 6.21　三种破岩方式裂纹变化

表 6.3　三种破岩方式裂纹对比

	无电脉冲	高压电脉冲-机械同时作用	高压电脉冲预处理后进行机械作用
最长裂纹长度	18.3 cm	20.6 cm	25.2 cm
损伤面积	35.2 cm^2	40.2 cm^2	72.0 cm^2

6.6　本章结论

本章在第 2 章和第 3 章基础上,进一步提出高压电脉冲-机械联合破岩新技术。利用有限元软件开发了一种高压电脉冲-机械联合破岩模型,以实现高压电脉冲联合机械破岩的数值模拟。本书对机械破岩过程进行了简化,机械破岩以机械应力形式作用于岩石表面,数值模拟结果展示了岩石在经过高压电脉冲处理后的等离子体通道拓展情况、高压电脉冲与机械作用顺序对破岩效率的影响以及有无高压电脉冲处理前后机械应力作用力学性状差异,主要结论如下。

（1）岩石表面在高压电脉冲作用下等离子体通道形成过程具有一定的规律。钻孔周围先产生多条初始未贯穿等离子体通道，再生成一条主等离子体通道，最后产生多条等离子体通道。此外，在高压电脉冲处理后，岩石钻孔附近通道形成的应力损伤可以进一步促进后续机械应力作用下主裂纹的产生。岩石在经过脉冲电压峰值 U_0 为 120 kV 且脉冲上升时间为 200 ns 处理后，后续机械作用岩石表面损伤面积几乎为无电脉冲处理的 2 倍，破岩效率明显提升。

（2）不同峰值电压 U_0 电脉冲处理下，通道形成轨迹会发生显著变化。当高压电脉冲预处理且脉冲峰值电压 U_0 逐渐增大时，后续机械作用对岩石造成损伤面积也逐渐增大。而不同脉冲上升时间 t_0 条件下，钻孔附近应力损伤没有很大变化，只是等离子体通道位置存在微小差异，在后续机械应力作用下，岩石表面损伤面积也相差不大，均在 70 cm² 左右。因此，在实际工程应用中，对电脉冲波形参数而言，增大电极电压参数是提高破岩效率最有效的方法。

（3）高压电脉冲与机械作用顺序对破岩效率也存在差异。模拟结果显示，在本书模型参数条件下，高压电脉冲预处理后进行机械作用的岩石裂纹最长可达 25.2 cm，相比无电脉冲的岩石裂纹长度（18.3 cm）和高压电脉冲-机械同时作用的岩石裂纹长度（20.6 cm）要长一些。此外，高压电脉冲预处理后机械作用时，岩石损伤面积最大，破岩效率最高。在实际工程应用中，建议采取高压电脉冲-机械联合破岩方式且以高压电脉冲预处理后进行机械作用的破岩手段进行联合破岩，从而达到高效、经济的破岩效果。

7 结　　论

本书基于解析和数值模拟方法,探究了高压电脉冲破岩机理及力学性状演化规律。解析方法首先通过联立基尔霍夫方程和岩石电脉冲阻抗模型,建立高压电脉冲放电等效电路,得到了高压电脉冲作用下的岩石电流-电压时程曲线。在此基础上,考虑等离子体放电通道的能量守恒、动量守恒以及状态方程,求解高压电脉冲冲击波压力时程曲线。最后,结合岩石爆炸力学理论和断裂力学理论,计算得到岩石在高压电脉冲作用下的压-剪破碎区和径向拉伸裂隙区。然而,解析方法仅能探究岩石在高压电脉冲作用下的最终破碎结果,初步揭示岩石在高压电脉冲作用下的失效机理,难以描述和分析高压电脉冲对岩石的破碎过程。为此,基于等效放电电路模型和等离子体通道模型以及岩石应力场控制方程,建立了高压电脉冲破岩的数值模型,以模拟高压电脉冲破岩全过程。

首先,为了进一步分析高压电脉冲破岩机理,基于现有研究理论以及前人试验数据,建立等离子体通道演化模型和模拟通道形成过程。在此基础上,基于电学场和力学场理论构建高压电脉冲破岩数值模型,得到破岩过程变化规律,同时针对相关参数进行影响因素分析,揭示高压电脉冲破岩机理。

接着,从理论上对水下高压电脉冲放电机理与能量转化效率进行了研究,通过联立液相放电基尔霍夫方程与电弧通道阻抗公式,求解液相放电作用下放电电流与电弧通道阻抗时程曲线,结合等离子通道能量守恒理论与等离子通道动力学方程,求解等离子通道沉积能量时程曲线与冲击波机械能时程曲线,进一步构建水下高压电脉冲放电能量转换效率数学模型,并讨论不同电学参数对能量转换效率的影响。

随后,本书提出了高压电脉冲-水力压裂联合破岩的新技术。数值模拟在第2章高压电脉冲放电电路、等离子体通道力学模型的基础上,建立了一个渗流-应力-损伤耦合模型,损伤模型可以考虑岩石的拉伸-剪切混合破坏。借助建立的高压电脉冲-水力压裂联合破岩渗流-应力-损伤耦合模型,本书分析了高压电脉冲对后续水力压裂的渗透性、孔隙率以及破岩效率的影响规律。在此基础上,本书研究了复杂地质条件下的高压电脉冲-水力压裂联合破岩规律,复杂地质条件包含岩石地层的宏观异构性和细观异质性。通过岩石参数在空间上满足 Weibull 分布以实现细观异质性,宏观异构性通过建立天然裂隙实现。天然裂隙考虑了裂隙面的非线性刚度演化、剪切滑移以及剪切膨胀,裂缝面符从非线性张开/闭合特征,渗透性由立方定律控制。通过对比有无高压电脉冲作用下的水力压裂岩石破碎效率和水压力分布,证明本书方法在岩石破碎、储层增渗等地质开发工程中的有效应用。

最后,基于高压电脉冲破岩理论,并结合断裂力学理论,我们揭示了高压电脉冲-机械联合破岩力学性状演化规律。这些研究成果有助于深化对高压电脉冲岩体破碎过程的理解,推动在矿物开采、油气开发等工程领域中高压电脉冲破岩技术的实际应用。此外,本书提出的高压电脉冲-机械联合破岩方法也为利用高压电脉冲预处理进行机械破岩提供了新思路,有助于开发出更高效、更经济和更智能化的破岩新技术。

本书主要结论如下。

(1)相较于增加电容 C,增加放电装置的初始电压 U_0 对破损岩石的影响更为明显,岩石在电脉冲下的破坏以拉伸为主,受径向主拉伸应力和抗拉强度影响显著。岩石抗拉强度异质性的改变会影响主裂缝的发展和分布,然而,异质性对裂缝的增长速度、总损伤面积和主裂缝的数量影响较小。高压电脉冲在岩石中产生的主裂缝数量为6～7条。

(2)高压电脉冲作用会对地层产生预损伤,受各向异性围压影响,在冲击近区会形成椭圆形损伤区域,在其外侧会出现多条径向拉伸裂缝。受异质性影响,高压电脉冲作用的冲击远区会形成环形破碎区。

(3)击穿场强是主导等离子体通道形成的关键因素,形成等离子体通道所需最小电极电压和临界击穿场强呈正相关。岩体在电脉冲作用下通道形成可分为三个阶段,即等离子体通道初步形成阶段、等离子体通道扩展阶段和等离子体通道形成阶段。高压电脉冲作用下,岩石内部被击穿区域电流密度突然增大,形成等离子体通道;通道完全形成后,电流密度达到最大。

(4)高压电脉冲上升时间 t_0 越短,越容易发生电击穿。双电极作用下,电极间距越小,电极之间更容易形成等离子体通道。在实际工程应用中,应适当控制电极间距,使其达到岩石长度的 $1/3～1/2$,以达到更好的破岩效果。导体矿物颗粒会引导岩石内部产生等离子体通道,且颗粒半径越大,越有利于通道形成。所以,在矿物回收工程领域,采用高压电脉冲更有利于提升破岩效率。

(5)等离子体通道沉积能量与冲击波机械能随电压与电容量的增加而增加,与回路电感成反比。通过分析击穿电压、电容量、回路电感三个因素对能量转化效率的影响,提高液相放电能量转化效率最优顺序为:减小回路电感>增加击穿电压>增加电容量。因为在实际工程中,设计钻井工具时提高电容会增加钻井设备体积,不便于施工。

(6)在有高压电脉冲作用下的水力压裂过程中,流体压力首先分布在预损伤区域,流体压力初期呈现圆形分布,并随着与注水孔距离的增大而降低。随着流体持续注入,流体压力分布逐渐由圆形发展至椭圆形。

(7) 高压电脉冲破岩技术为后续水力压裂提供了良好的地质条件,包括预切缝作用,降低岩层强度,提高渗透性,改善储水特性和孔隙特征。高压电脉冲作用后的损伤区域渗透率会提升数千倍,而孔隙率变化相对较小。有高压电脉冲作用下的水力压裂效率相较无高压电脉冲显著提升,且随着放电装置的放电电压提升,其对后续水力压裂的破岩效果的改善作用愈发明显。

(8) 复杂地质条件下的高压电脉冲可以有效破碎岩层,使得天然裂缝相互沟通,为水力压裂形成复杂缝网提供有利环境。同时,冲击波在天然裂缝表面发生反射和透射现象,裂缝面反射波以拉伸波形式迅速在裂缝面形成平行拉伸裂缝,裂缝面透射波以压缩波形式进一步传播。

(9) 有高压电脉冲冲击后的水力压裂和无高压电脉冲作用的水力压裂差异显著。在有高压电脉冲作用的水力压裂中,流体迅速进入电冲击孔周围的天然裂缝中,在较短时间内水力裂缝迅速沟通周围天然裂缝,形成复杂裂缝网络。单一水力压裂形成的裂缝较少,且水压力只分布于局部区域,未形成复杂裂缝网。

(10) 高压电脉冲会对钻孔附近岩石造成应力损伤,促进后续机械应力作用下主裂纹的产生。当岩石在经过 120 kV 脉冲电压峰值处理后,后续机械作用对岩石表面造成损伤面积约为无电脉冲处理的 2 倍。当 U_0 逐渐增大时,后续机械作用对岩石造成损伤面积也逐渐增大,但增大 t_0 对破岩效率无明显增加。因此,在实际工程应用中,对电脉冲波形参数而言,增大电极电压参数是提高破岩效率最有效的方法。

(11) 高压电脉冲预处理后机械作用破岩效率最高。在本书参数条件下,无电脉冲处理机械破岩的岩石裂纹最长为 18.3 cm;高压电脉冲-机械同时作用的岩石裂纹长度为 20.6 cm;而高压电脉冲先处理后进行机械作用的岩石裂纹最长可达 25.2 cm。在实际相关工程应用中,建议采取高压电脉冲-机械联合破岩方式且以高压电脉冲预处理后进行机械作用的破岩顺序进行联合破岩,从而达到高效、经济的破岩效果。

参 考 文 献

[1] ANDRES U. Electrical disintegration of rock[J]. Mineral Processing and Extractive Metullargy Review,1995,14(2):87-110.

[2] INOUE H,LISITSYN I V,AKIYAMA H,et al.Drilling of hard rocks by pulsed power [J].IEEE Electrical Insulation Magazine,2000,16(3):19-25.

[3] WIELEN K P,PASCOE R,WEH A,et al.The influence of equipment settings and rock properties on high voltage breakage[J].Minerals Engineering,2013, 46:100-111.

[4] PENG J Y,XU H P,ZHANG F P,et al.Effects of static pressure on failure modes and degree of fracturing of sandstone subjected to inter-hole pulsed[J]. Minerals,2023,13(3):337.

[5] LI C P,DUAN L C,TAN S C,et al.Influences on high-voltage electro pulse boring in granite[J].Energies,2018,11(9):2461.

[6] BURKIN V V,KUZNETSOVA N S,LOPATIN V V,et al.Dynamics of electro burst in solids:I.Power characteristics of electro burst[J].Journal of Physics D:Applied Physics,2009,42(18):185204.

[7] BURKIN V V,KUZNETSOVA N S,LOPATIN V V,et al.Dynamics of electro burst in solids:II.Characteristics of wave process[J].Journal of Physics D:Applied Physics,2009,42(23):235209.

[8] KUZNETSOVA N S,LOPATIN V V,YUDIN A S.Effect of electro-discharge circuit parameters on the destructive action of plasma channel in solid media [C].Journal of Physics:Conference Series,2014,552(1):012029.

[9] LI C P,DUAN L C,TAN S C,et al.Damage model and numerical experiment of high-voltage electro pulse boring in granite[J].Energies,2019,12(4):727.

[10] CHO S H,CHEONG S S,YOKOTA M,et al.The dynamic fracture process in rocks under high-voltage pulse fragmentation[J].Rock Mechanics and Rock Engineering,2016,49:3841-3852.

[11] ZHU X H,LUO Y X,LIU W J,et al.Numerical electric breakdown model of heterogeneous granite for electro-pulse-boring[J].International Journal of Rock Mechanics and Mining Sciences,2022,154:105128.

[12] ZHU X H,LUO Y X,LIU W J,et al.On the mechanism of high-voltage pulsed fragmentation from electrical breakdown process[J].Rock Mechanics and Rock Engineering,2021,54(2):4593-4616.

[13] ZHU X H,CHEN M Q,LIU W J,et al.The fragmentation mechanism of heterogeneous granite by high-voltage electrical pulses[J].Rock Mechanics and Rock Engineering,2022,55(7):4351-4372.

[14] 李宗福,孙大发,陈久福,等.水力压裂-水力割缝联合增透技术应用[J].煤炭科学技术,2015,43(10):72-76.

[15] 冯彦军,康红普.定向水力压裂控制煤矿坚硬难垮顶板试验[J].岩石力学与工程学报,2012,31(6):1148-1155.

[16] 郑吉玉,王公忠.低透气性煤层松动爆破增透效应研究[J].爆破,2018,35(2):37-40.

[17] 吕进国,李守国,赵洪瑞,等.高地应力条件下高压空气爆破卸压增透技术实验研究[J].煤炭学报,2019,44(4):1115-1128.

[18] 高鑫浩,王明玉.水力压裂-深孔预裂爆破复合增透技术研究[J].煤炭科学技术,2020,48(7):318-324.

[19] 陈玉涛,秦江涛,谢文波.水力压裂和深孔预裂爆破联合增透技术的应用研究[J].煤矿安全,2018,49(8):141-144.

[20] 鲍先凯,杨东伟,段东明,等.高压电脉冲水力压裂法煤层气增透的试验与数值模拟[J].岩石力学与工程学报,2017,36(10):2415-2423.

[21] 刘超尹,卢高明,周建军,等.微波照射下岩石的升温与破碎特性研究[J].隧道建设(中英文),2023,43(8):1348-1359.

[22] PRESSACCO M,KANGAS J J,SAKSALA T.Numerical modelling of microwave heating assisted rock fracture[J].Rock Mechanics and Rock Engineering,2022,55(2):481-503.

[23] PRESSACCO M,KANGAS J J,SAKSALA T.Numerical modelling of microwave irradiated rock fracture[J].Minerals Engineering,2023,203:108318.

[24] 刘拓,王智信,崔子昂,等.花岗岩表面激光破岩预钻孔工艺影响研究[J].应用激光,2017,37(4):580-585.

[25] CICCU R,GROSSO B.Improvement of the excavation performance of PCD drag tools by water jet assistance[J].Rock mechanics and rock engineering,2010,43(4):465-474.

[26] 张金良,杨凤威,曹智国,等.大线速度下超高压水射流破岩试验研究[J].岩土

力学,2023,44(3):615-623.

[27] 沈忠厚,王海柱,李根生.超临界 CO_2 钻井水平井段携岩能力数值模拟[J].石油勘探与开发,2011,38(2):233-236.

[28] 乔兰,郝家旺,李占金,等.基于微波加热技术的硬岩破裂方法探究[J].煤炭学报,2021,46(S1):241-252.

[29] WALSH S D,VOGLER D.Simulating electropulse fracture of granitic rock[J].International Journal of Rock Mechanics and Mining Sciences,2020,128:104238.

[30] 刘志强.煤矿井孔钻进技术及发展[J].煤炭科学技术,2018,46(6):7-15.

[31] 谢良涛,严鹏,范勇,等.钻爆法与 TBM 开挖深部洞室诱发围岩应变能释放规律[J].岩石力学与工程学报,2015,34(9):1786-1795.

[32] 王少锋.深部硬岩截割特性及非爆机械化开采研究[J].岩石力学与工程学报,2021,40(5):1542-1548.

[33] 李洪盛,刘送永,郭楚文.自振脉冲射流预制裂隙对机械刀具破岩过程温度影响特性[J].煤炭学报,2021,46(7):2136-2145.

[34] 张祥良.等离子体击穿受载煤体的电学响应及致裂增渗机理研究[D].徐州:中国矿业大学,2021.

[35] XIONG J M,LI L,DAI H Y,et al.The development of shock wave overpressure driven by channel expansion of high current impulse discharge arc[J].Physics of Plasmas,2018,25(3):032115.

[36] LI Y S,LIU J,FENG B Y,et al.Numerical modeling and simulation of the electric breakdown of rocks immersed in water using high voltage pulses[J].Geomechanics and Geophysics for Geo-Energy and Geo-Resources,2021,7(1):1-21.

[37] RANKINE W J M,WILLIAN J M.On the thermodynamic theory of waves of finite longitudinal disturbance[J].Philosophical Transactions of the Royal Society of London,1870,160:277-288.

[38] 汤文辉,张若棋.物态方程理论及计算概论[M].2 版.北京:高等教育出版社,2008.

[39] 戴俊.柱状装药爆破的岩石压碎圈与裂隙圈计算[J].辽宁工程技术大学学报(自然科学版),2001,20(2):144-147.

[40] 张奇.岩石爆破的粉碎区及其空腔膨胀[J].爆炸与冲击,1990,10(1):68-75.

[41] 魏东,陈明,叶志伟,等.基于应变率相关动力特性的岩体爆破破坏区范围研究[J].工程科学与技术,2021,53(1):67-74.

［42］李晓锋,李海波,刘凯,等.冲击荷载作用下岩石动态力学特性及破裂特征研究［J］.岩石力学与工程学报,2017,36(10):2393-2405.

［43］CHEN J Z,ELIM C,GOLDSBY D,et al.Generation of shock lamellae and melting in rocks by lightning-induced shock waves and electrical heating［J］. Geophysical Research Letters,2017,44(17):8757-8768.

［44］ELMI C,CHEN J Z,GOLDSBY D,et al.Mineralogical and compositional features of rock fulgurites:A record of lightning effects on granite［J］. American Mineralogist,2017,102(7):1470-1481.

［45］KUZNETSOVA N,ZHGUN D,GOLOVANEVSKIY,V.Plasma blasting of rocks and rocks-like materials:An analytical model［J］.International Journal of Rock Mechanics and Mining Sciences,2022,150:104986.

［46］SHEN B T,STEPHANSSON O,RINNE M.Modelling Rock Fracturing Processes:Theories,Methods,and Applications［M］.Springer,2020.

［47］杨敬轩.安全高效能坚硬煤岩承压式爆破控制机理及试验分析［D］.徐州:中国矿业大学,2015.

［48］JIRÁSEK M,BAUER M.Numerical aspects of the crack band approach［J］. Computers and Structures,2012,110:60-78.

［49］TANG C A,LIANG Z Z,ZHANG Y B,et al.Fracture spacing in layered materials:A new explanation based on two-dimensional failure process modeling［J］.American Journal of Science,2008,308(1):49-72.

［50］WEIBULL W.A statistical distribution function of wide applicability［J］. International Journal of Applied Mechanics.1951,18:293-297.

［51］PARK H,LEE S R,KIM T H,et al.Numerical modeling of ground borehole expansion induced by application of pulse discharge technology［J］. Computers and Geotechnics,2011,38(4):532-45.

［52］LEE J,LACY T E,PITTMAN C U,et al.Numerical estimations of lightning-induced mechanical damage in carbon/epoxy composites using shock wave overpressure and equivalent air blast overpressure［J］.Composite Structures, 2019,224:111039.

［53］祝效华,罗云旭,刘伟吉,等.等离子体电脉冲钻井破岩机理的电击穿实验与数值模拟方法［J］.石油学报,2020,41(9):1146-1162.

［54］章志成.高压脉冲放电破碎岩石及钻井装备研制［D］.杭州:浙江大学,2013.

［55］CHO S H,YOKOTA M,ITO M,et al.Electrical disintegration and micro-focus X-ray CT observations of cement paste samples with dispersed mineral particles[J].Minerals Engineering,2014,57:79-85.

[56] SYCHEV V V.Insulators[J].In Complex Thermodynamic Systems,1973,95-117.

[57] FOTHERGILL J C.Filamentary electromechanical breakdown [J]. IEEE transactions on electrical insulation,1991,26(6):1124-1129.

[58] PETROV Y V,MOROZOV V A,SMIRNOV I V,et al.Electrical breakdown of a dielectric on the voltage pulse trailing edge:Investigation in terms of the incubation time concept[J].Technical Physics,2015,60:1733-1737.

[59] FRANCFORT G A,MARIGO J J.Revisiting brittle fracture as an energy minimization problem[J].Journal of the Mechanics and Physics of Solids,1998,46(8):1319-1342.

[60] ANDRES U,TIMOSHKIN I,JIRESTIG J,et al. Liberation of valuable inclusions in ores and slags by electrical pulses[J].Powder Technology,2001,114(1-3):40-50.

[61] CZASZEJKO T.The rustle of electrical trees[C].In 2016 IEEE Conference on Electrical Insulation and Dielectric Phenomena,2016:518-52.

[62] 饶平平,冯伟康,崔纪飞,等.考虑多场耦合高压电脉冲作用下岩体破碎响应[J].工程科学与技术,2024:1-12.

[63] TIMOSHKIN I V,MACKERSIE J W,MACGREGOR S J.Plasma channel miniature hole drilling technology[J].IEEE Transactions on Plasma Science,2004,32(5):2055-2061.

[64] LIU W J,ZHANG Y J,ZHU X H,et al.The influence of pore characteristics on rock fragmentation mechanism by high-voltage electric pulses[J].Plasma Science and Technology,2023,25(5):055502.

[65] RENSHAW C E.Mechanical controls on the spatial density of opening-mode fracture networks[J].Geology,1997,25(10):923-926.

[66] HUANG S J,LIN F C,LIU Y,et al.Stress wave analysis of high-voltage pulse discharge rock fragmentation based on plasma channel impedance model[J].Plasma Science and Technology,2023,25(6):065502.

[67] 信延彬.液相脉冲放电等离子体制氢特性及其机理研究[D].大连:大连海事大学,2018.

[68] JONES H M,KUNHAEDT E E.Pulsed dielectric breakdown of pressurized water and salt solutions[J].Journal of Applied Physics,1995,77:795-805.

[69] YAN G H,FU H W,ZHAO Y M,et al.A review on optimizing potentials of

high voltage pulse breakage technology based on electrical breakdown in water[J].Powder Technology,2022,404:117293.

[70] KOROBEINIKOV S M, MELEKHOV A V, BESOV A S. Breakdown initiation in water with the aid of bubbles[J]. High Temperature,2002,40(5):652-659.

[71] SHARBAUGH A H,DEVINS J C,RZAD S J.Progress in the field of electric breakdown in dielectric liquids [J]. IEEE Transactions on Electrical Insulation,1978,13(4):249-276.

[72] SUN A B, HUO C, ZHUANG J. Formation mechanism of streamer discharges in liquids:a review[J].High Voltage,2016,1(2):74-80.

[73] 李和平,于达仁,孙文廷,等.大气压放电等离子体研究进展综述[J].高电压技术,2016,42(12):3697-3727.

[74] PANOV V A, VASILYAK L M, VETCHININ S P, et al. Pulsed electrical breakdown of conductive water with air bubbles[J].Plasma Sources Science and Technology,2019,28(8):085019.

[75] 卢新培,张寒虹,潘垣,等.水下脉冲放电的压力特性研究[J].爆炸与冲击,2001,(4):282-286.

[76] LIU Y,LI Z Y,LI X D,et al.Intensity improvement of shock waves induced by liquid electrical discharges[J].Physics of Plasmas,2017,24(4):043510.

[77] 郭军,米鑫程,冯国瑞,等.基于液电效应的高压电脉冲岩体致裂特征及机理研究[J].煤炭学报,2014:1-13.

[78] ROBERTS R M,COOK J A,ROGERS R L,et al.The energy partition of underwater sparks[J].Journal of the Acoustical Society of America,1998,99(99):3465-3475.

[79] SUN B, KUNITOMO S, IGARASHI C. Characteristics of ultraviolet light and radicals formed by pulsed discharge in water[J].Journal of Physics D:Applied Physics,2006,39(17):3814.

[80] BUOGO S, CANNELLI G B. Implosion of an underwater spark-generated bubble and acoustic energy evaluation using the Rayleigh model[J].Journal of the Acoustical Society of America,2002,111(6):2594-2600.

[81] TIMOSHKIN I V, FOURACRE R A, GIVEN M J, et al. Hydrodynamic modelling of transient cavities in fluids generated by high voltage spark discharges [J]. Journal of Physics D:Applied Physics, 2006, 39 (22):4808-4817.

[82] LIU S W,LIU Y,LIN F C,et al.Influence of plasma channel impedance model on electrohydraulic shockwave simulation[J].Physics of Plasmas, 2019,26(2):23522.

[83] AXEL W H K.Pulsed power discharges in water[D].California:California Institute of Technology,1996.

[84] OKUN I Z.Plasma parameters in a pulsed discharge in a liquid[J].Soviet Physics Technical Physics,1971,16:227.

[85] GIDALEVICH E,BOXMAN R L,GOLDSMITH S.Hydrodynamic effects in liquids subjected to pulsed low current arc discharges[J].Journal of Physics D:Applied Physics,2004,37(10):1509.

[86] 卢新培.液电脉冲等离子体的理论与实验研究[D].武汉:华中科技大学,2001.

[87] VOKURKA K. A model of spark and laser generated bubbles [J]. Czechoslovak Journal of Physics B,1988,38(1):27-34.

[88] SHNEERSON G A.Estimation of the pressure in a "slow" spark discharge in a cylindrical water-filled chamber[J].Technical Physics,2003,48(3): 374-375.

[89] 吴敏干,刘毅,林福昌,等.液电脉冲激波特性分析[J].强激光与粒子束,2020, 32(4):120-126.

[90] LI X,CHAO Y,WU J,et al.Study of the shock waves characteristics generated by underwater electrical wire explosion[J].Journal of Applied Physics,2015,118(2):23301.

[91] 蔡志翔.液相放电等离子体破岩机理与破岩规律研究[D].北京:中国石油大学,2022.

[92] 任益佳.基于"活塞"模型的液电脉冲激波建模分析[D].武汉:华中科技大学,2021.

[93] WU J Y,XU S L.Reconsideration on the elastic damage/degradation theory for the modeling of microcrack closure-reopening (MCR) effects [J]. International Journal of Solids and Structures,2013,50:796-805.

[94] MIKELIÉ A,WHEELER M F.Theory of the dynamic Biot-Allard equations and their link to the quasi-static Biot system[J].Journal of Mathematical Physics,2012,53(12):123702.

[95] ZHOU S W,RABCZUK T,ZHUANG X Y.Phase field modeling of quasi-static and dynamic crack propagation:COMSOL implementation and case studies[J].Advanced Engineering Software,2018,122:31-49.

[96] BORDEN M J,VERHOOSEL C V,SCOTT M A.A phase-field description of dynamic brittle fracture[J].Computer Methods in Applied Mechanics and Engineering,2012,217(4):77-95.

[97] YANG S Q,JIANG Y Z,XU W Y,et al.Experimental investigation on strength and failure behavior of pre-cracked marble under conventional triaxial compression[J].International Journal of Solids and Structures,2018 45(7):4796-4819.

[98] LI G,TANG C A. A statistical meso-damage mechanical method for modeling trans-scale progressive failure process of rock[J]. International Journal of Rock Mechanics and Mining Sciences,2015,74:133-150.

[99] LIU L W,LI H B,LI X F. A state-of-the-art review of mechanical characteristics and cracking processes of pre-cracked rocks under quasi-static compression[J].Journal of Rock Mechanics and Geotechnical Engineering, 2022,14(6):2034-2057.

[100] FU P,JOHNSON S M,CARRIGAN C R.An explicitly coupled hydro-geomechanical model for simulating hydraulic fracturing in arbitrary discrete fracture networks[J]. International Journal for Numertical and Analytical Methods in Geomechanics,2013,37(14):2278-2300.

[101] KUZNETSOVA N,ZHGUN D,GOLOVANEVSKIY V.Plasma blasting of rocks and rocks-like materials:An analytical model[J].International Journal of Rock Mechanics and Mining Sciences,2022,150:104986.

[102] ZHANG Z X.An empirical relation between mode I fracture toughness and the tensile strength of rock[J].International Journal of Rock Mechanics and Mining Sciences,2002,39(3):401-406.

[103] KOU M M,LIU X R,WANG Z Q,et al.Laboratory investigations on failure,energy and permeability evolution of fssured rock-like materials under seepage pressures[J].Engineering Fracture Mechanics,2021, 247:107694.

[104] NASEHI M J,MORTAZAVI A.Efects of in-situ stress regime and intact rock strength parameters on the hydraulic fracturing[J].Journal of Petroleum Science and Engineering,2013,108:211-221.

[105] KLUGE C,BLOCHER G,BARNHOORN A,et al.Permeability evolution during shear zone initiation in low-porosity rocks[J].Rock Mechanics and Rock Engineering,2021,54:5221-5244.

[106] XUE Y, RANJITH P G, GAO F, et al. Changes in Microstructure and Mechanical Properties of Low-Permeability Coal Induced by Pulsating Nitrogen Fatigue Fracturing Tests [J]. Rock Mechanics and Rock Engineering, 2022, 55: 7469-7488.

[107] XI X, SHIPTON Z K, KENDRICK J E, et al. Mixed-Mode Fracture Modelling of the Near-Wellbore Interaction Between Hydraulic Fracture and Natural Fracture[J]. Rock Mechanics and Rock Engineering, 2022, 55: 5433-5452.

[108] SAEB S, AMADEI B. Modelling rock joints under shear and normal loading [J]. International Journal of Rock Mechanics and Mining Sciences, 1992, 29 (3):267-278.

[109] MIN K B, RUTQVIST J, TSANG C F, et al. Stress-dependent permeability of fractured rock masses: a numerical study[J]. International Journal of Rock Mechanics and Mining Sciences, 2004, 41(7):1191-1210.

[110] LEI Q H, LATHAM J P, XIANG J S. Implementation of an empirical joint constitutive model into fnite-discrete element analysis of the geomechanical behaviour of fractured rocks[J]. Rock Mechanics and Rock Engineering, 2016, 49(12):4799-4816.

[111] WITHERSPOON P A, WANG J S, IWAI K, et al. Validity of cubic law for fluid flow in a deformable rock fracture[J]. Water Resources Research, 1980, 16(6):1016-1024.

[112] RUTQVIST J, NOORISHAD J, TSANG C F, et al. Determination of fracture storativity in hard rocks using high-pressure injection testing[J]. Water Resources Research, 1998, 34(10):2551-2560.

[113] LEI Q H, DOONECHALY N G, TSANG C F. Modelling fluid injection-induced fracture activation, damage growth, seismicity occurrence and connectivity change in naturally fractured rocks[J]. International Journal of Rock Mechanics and Mining Sciences, 2021, 138:104598.

[114] 水利部科技推广中心. 全断面岩石掘进机[M]. 北京: 石油工业出版社, 2005.

[115] CARLOS A L G. Advances in the development of the discrete element method for excavation processes [D]. Edinburgh: The University of Edinburgh, 2012.

[116] 孙浩凯, 高阳, 朱光轩, 等. 隧道掘进机滚刀破岩动态荷载理论模型及试验研究[J]. 岩土力学, 2023, 44(6):1657-1670.

[117] 赵伦洋,赖远明,牛富俊,等.硬脆性岩石多尺度损伤蠕变模型及长期强度研究[J].中南大学学报(自然科学版),2022,53(8):3071-3080.

[118] 肖一标,段隆臣,李昌平,等.基于高压电脉冲破岩损伤模型的破岩过程研究[J].地质科技通报,2023,42(3):323-330.

[119] LOEBER J F,SIH G C.Diffraction of anti-plane shear waves by a finite crack[J].The Journal of the Acoustical Society of America,1968,44(1):90-98.

[120] SIH G C,LOEBER J F.Wave propagation in an elastic solid with a line of discontinuity or finite crack[J].Quarterly of Applied Mathematics,1969,27(2):192-213.

[121] BRADY B H G,BROWN E T.Rock Mechanics,second edition[M].London:Chapman and Hall,1993:98.

[122] 宋盛渊,黄迪,隋佳轩,等.基于三维裂隙网络的岩体剪切特性尺寸效应分析[J].哈尔滨工业大学学报,2024,56(3):9-18.

[123] DUAN,L C,XIAO Y B,LI C P,et al.Simulation and experimental study on the influence of bit structure on rock-breaking by high-voltage electro-pulse boring[J].Journal of Petroleum Science and Engineering,2022,214:110556.